Mathematische Formeln und Definitionen

für Realschulen in Bayern

Walter Morawetz
Hans Prölß
Hans Rupp

Oldenbourg

1. Auflage 1994
unveränderter Nachdruck 97 96 95 94
Die letzte Zahl bezeichnet das Jahr des Drucks.

Lektorat: Norbert Coldewey, Irene Hribar
Herstellung: Johannes Schmidt-Thomé
Satz: Setzerei Vornehm GmbH, München
Druck- und Bindearbeiten: R. Oldenbourg, Graphische Betriebe GmbH, München

ISBN 3-486-87092-0

Inhaltsverzeichnis

Inhaltsverzeichnis

Algebra

Geometrie

Abbildungen

Trigonometrie

Sachregister

Mathematische Zeichen und Abkürzungen

$\mathbb{N}$	Menge der natürlichen Zahlen
$\mathbb{N}_0$	Menge der natürlichen Zahlen einschließlich der Zahl 0
$\mathbb{Z}$	Menge der ganzen Zahlen
$\mathbb{Z}^-$	Menge der negativen ganzen Zahlen
$\mathbb{Q}$	Menge der rationalen Zahlen
$\mathbb{Q}_0^+$	Menge der positiven rationalen Zahlen einschließlich der Zahl 0
$\mathbb{Q}^-$	Menge der negativen rationalen Zahlen
$\mathbb{R}$	Menge der reellen Zahlen
$\mathbb{G}$	Grundmenge
$\mathbb{L}$	Lösungsmenge
$\mathbb{D}$	Definitionsmenge
$\mathbb{W}$	Wertemenge
$\emptyset$	Leere Menge
M; M_1; M_2	Mengen
$\{a; b; c\}$	Menge mit den Elementen a, b und c
$\{x \mid \ldots\}$	Menge aller Elemente x der vereinbarten Grundmenge, für die gilt ...
$[x_1; x_2]$	abgeschlossenes Intervall
$[y_1, y_2[$ $]y_1, y_2]$	halboffene Intervalle
$]z_1, z_2[$	offenes Intervall
$M_1 \cap M_2$	Schnittmenge (Menge aller Elemente, die zu M_1 und zugleich zu M_2 gehören)
$M_1 \cup M_2$	Vereinigungsmenge (Menge aller Elemente, die zu M_1 oder auch zu M_2 gehören)
$M_1 \setminus M_2$	Restmenge (Menge aller Elemente, die zu M_1, aber nicht zu M_2 gehören)
$M_1 \times M_2$	Produktmenge (Menge aller Paare $(x \mid y)$ mit $x \in M_1$ und zugleich $y \in M_2$)

Mathematische Zeichen und Abkürzungen

$(2 \mid -3)$	Geordnetes Zahlenpaar aus den Zahlen 2 und -3
$\mid a \mid$	Betrag von a
$\begin{vmatrix} a_1 & b_1 \\ a_2 & b_2 \end{vmatrix}$	zweireihige Determinante
(w)	wahre Aussage; (f) falsche Aussage
x, y, a, b	Variable
T_1, T_2; $T(x)$	Terme; Term mit der Variablen x
R	Relation R^{-1} Umkehrrelation der Relation R
f	Funktion f^{-1} Umkehrfunktion der Funktion f
$f(x)$	Funktionsterm
a^n	Potenz mit der Basis a und dem Exponenten n
$\sqrt{a}$	Quadratwurzel aus a
$\sqrt[n]{a}$	n-te Wurzel aus a
$\log_a x$	Logarithmus von x zur Basis a
lg x	Zehnerlogarithmus (Dekadischer Logarithmus) von x
$\in$	... ist Element von ... $\notin$ ... ist nicht Element von ...
$\subseteq$	... ist Teilmenge von ... $\nsubseteq$ ... ist nicht Teilmenge von ...
$\subset$	... ist echte Teilmenge von ...
$=$	... ist gleich ... $\neq$ ... ist nicht gleich ...
$>$	... ist größer als ... $<$ ... ist kleiner als ...
$\geqq$	... ist größer gleich ... $\leqq$ ... ist kleiner gleich ...
$\approx$	... ist ungefähr gleich ...
$\wedge$	... und zugleich ... $\vee$ ... oder auch ...
$\sim$	... ist direkt proportional zu ...; ... ist ähnlich zu ...
$\triangleq$	... entspricht ...

Mathematische Zeichen und Abkürzungen

$\Leftrightarrow$	. . . ist äquivalent zu . . .
$\Rightarrow$	. . . daraus folgt . . . ; . . . wenn . . . , dann . . .
$O\,(0\mid 0)$	Ursprung des Koordinatensystems
A, B, C, P	Punkte
$P\,(x\mid y)$	Punkt P mit den kartesischen Koordinaten x und y
$P\,(a\mid \alpha)$	Punkt P mit den Polarkoordinaten a und α
$\{P\mid \ldots\}$	Menge aller Punkte P mit der Eigenschaft . . .
g, h, g_1, g_2	Geraden
$\mathbb{E}, \mathbb{E}_1, \mathbb{E}_2$	Ebenen
AB	Gerade durch A und B
[AB	Halbgerade durch B mit dem Anfangspunkt A
[AB]	Strecke mit den Endpunkten A und B
$\overline{AB}$	Länge der Strecke [AB]
$d\,(P;\, g)$	Abstand des Punktes P von der Geraden g
$\sphericalangle$ ASB	Winkel zwischen den Halbgeraden [SA und [SB bzw. Maß des Winkels
α, β, γ	Maße von Winkeln
$\triangle$ ABC	Dreieck mit den Eckpunkten A, B, und C
$k\,(M;\, r)$	Kreislinie mit dem Mittelpunkt M und dem Radius r
$\overset{\frown}{AB}$	Kreisbogen mit den Endpunkten A und B (mit Orientierung)
A	Flächeninhalt
V	Volumen
LE, FE, VE	Längen-, Flächen-, Volumeneinheit
$\overrightarrow{PQ}$	Pfeil von P nach Q; Vektor, dessen Vertreter der Pfeil $\overrightarrow{PQ}$ ist
$\vec{a} = \begin{pmatrix} a_x \\ a_y \end{pmatrix}$	Vektor $\vec{a}$ mit den kartesischen Koordinaten a_x und a_y

Mathematische Zeichen und Abkürzungen

$\vec{a} = (a|\alpha)$ — Vektor $\vec{a}$ mit den Polarkoordinaten a und α

$|\vec{a}| = a$ — Betrag des Vektors $\vec{a}$

$\vec{a} \oplus \vec{b}$ — Summe der Vektoren $\vec{a}$ und $\vec{b}$

$\vec{a} \odot \vec{b}$ — Skalarprodukt der Vektoren $\vec{a}$ und $\vec{b}$

$k \cdot \vec{a}$ — Multiplikation des Vektors $\vec{a}$ mit der Zahl k

$\begin{pmatrix} a & b \\ c & d \end{pmatrix}$ Matrix; $\quad \begin{pmatrix} a & b \\ c & d \end{pmatrix} \odot \begin{pmatrix} x \\ y \end{pmatrix}$ Produkt einer Matrix mit einem Vektor

$\perp$ — ... steht senkrecht auf ...; ... ist orthogonal zu ...

$\parallel$ — ... ist parallel zu ...

$\cong$ — ... ist kongruent zu ...

$\sin \alpha$ Sinus von α; $\quad \cos \alpha$ Kosinus von α; $\quad \tan \alpha$ Tangens von α

$\xmapsto{\ \ s\ \ }$ ... wird durch Achsenspiegelung mit der Spiegelachse s abgebildet auf ...

$\xmapsto{\ \ Z\ \ }$ ... wird durch Punktspiegelung mit dem Zentrum Z abgebildet auf ...

$\xmapsto{D;\alpha}$ ... wird durch Drehung mit dem Drehpunkt D und dem Maß α des Drehwinkels abgebildet auf ...

$\xmapsto{\ \vec{v}\ }$ ... wird durch Parallelverschiebung mit dem Vektor $\vec{v}$ abgebildet auf ...

$\xmapsto{s;\varphi}$ ... wird durch Scherung mit der Scherungsachse s und dem Maß φ des Scherungswinkels abgebildet auf ...

$\xmapsto{Z;k}$ ... wird durch zentrische Streckung mit dem Streckungszentrum Z und dem Streckungsfaktor k abgebildet auf ...

$\xmapsto{s;k}$ ... wird durch orthogonale Affinität mit der Affinitätsachse s und dem Affinitätsfaktor k abgebildet auf ...

Griechisches Alphabet

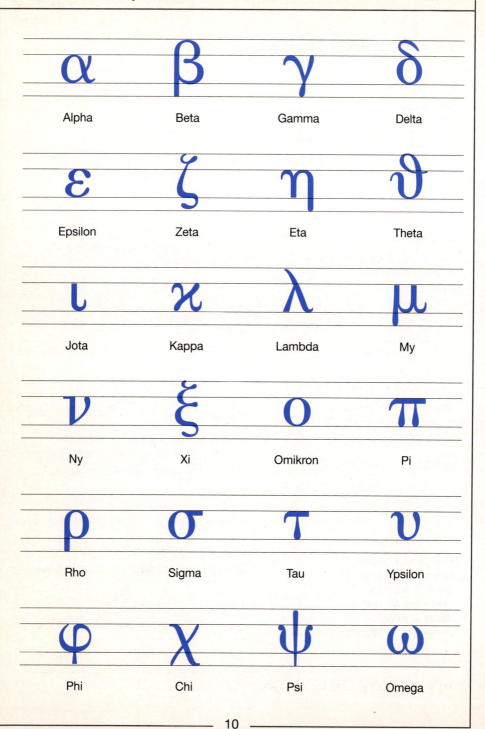

α	β	γ	δ
Alpha	Beta	Gamma	Delta
ε	ζ	η	ϑ
Epsilon	Zeta	Eta	Theta
ι	χ	λ	μ
Jota	Kappa	Lambda	My
ν	ξ	ο	π
Ny	Xi	Omikron	Pi
ρ	σ	τ	υ
Rho	Sigma	Tau	Ypsilon
φ	χ	ψ	ω
Phi	Chi	Psi	Omega

Verknüpfungen von Mengen

Schnittmenge:

Menge aller Elemente,
die zu M_1 und zugleich
zu M_2 gehören.

$M_1 \cap M_2 = \{x \mid x \in M_1 \wedge x \in M_2\}$

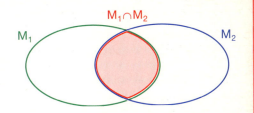

Vereinigungsmenge:

Menge aller Elemente,
die zu M_1 oder auch
zu M_2 gehören.

$M_1 \cup M_2 = \{x \mid x \in M_1 \vee x \in M_2\}$

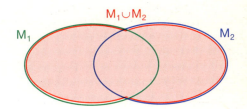

Restmenge (Differenzmenge):

Menge aller Elemente,
die zu M_1, aber nicht
zu M_2 gehören.

$M_1 \setminus M_2 = \{x \mid x \in M_1 \wedge x \notin M_2\}$

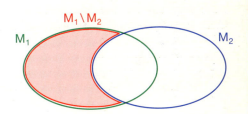

Produktmenge:

Menge aller geord-
neten Paare $(x \mid y)$,
deren 1. Kompo-
nente aus M_1 und
deren 2. Kompo-
nente aus M_2 ist.

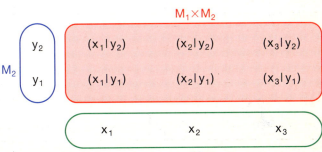

$M_1 \times M_2 = \{(x \mid y) \mid x \in M_1 \wedge y \in M_2\}$

Grundrechenarten

Summe

Addition: a $+$ b $=$ c

1. Summand   2. Summand   Summenwert

Differenz

Subtraktion: a $-$ b $=$ c

Minuend   Subtrahend   Differenzwert

Produkt

Multiplikation: a $\cdot$ b $=$ c

1. Faktor   2. Faktor   Produktwert

Quotient

Division: a $:$ b $=$ c $(b \neq 0)$

Dividend   Divisor   Quotientenwert

Die Division durch 0 ist nicht definiert.

Rechengesetze

	Addition	Multiplikation
Kommutativgesetz	$a + b = b + a$	$a \cdot b = b \cdot a$
Assoziativgesetz	$(a + b) + c = a + (b + c)$	$(a \cdot b) \cdot c = a \cdot (b \cdot c)$
Distributivgesetz	$(a + b) \cdot c = a \cdot c + b \cdot c$	

Rechnen mit positiven und negativen Zahlen

Betrag einer Zahl

$$|a| = \begin{cases} a & \text{für} & a > 0 \\ 0 & \text{für} & a = 0 \\ -a & \text{für} & a < 0 \end{cases}$$

Addition

$(+a) + (+b) = a + b$ $(-a) + (+b) = -a + b$

$(+a) + (-b) = a - b$ $(-a) + (-b) = -a - b$

Subtraktion

$(+a) - (+b) = a - b$ $(-a) - (+b) = -a - b$

$(+a) - (-b) = a + b$ $(-a) - (-b) = -a + b$

Multiplikation

$(+a) \cdot (+b) = a \cdot b$ $(-a) \cdot (+b) = -(a \cdot b)$

$(+a) \cdot (-b) = -(a \cdot b)$ $(-a) \cdot (-b) = a \cdot b$

Division $(b \neq 0)$

$(+a) : (+b) = a : b$ $(-a) : (+b) = -(a : b)$

$(+a) : (-b) = -(a : b)$ $(-a) : (-b) = a : b$

Rechnen mit Brüchen

Erweitern $(b, c \neq 0)$

$$\frac{a}{b} = \frac{a \cdot c}{b \cdot c}$$

Kürzen $(b, c \neq 0)$

$$\frac{a}{b} = \frac{a : c}{b : c}$$

Addition $(c, d \neq 0)$

$$\frac{a}{c} + \frac{b}{c} = \frac{a + b}{c}$$

$$\frac{a}{c} + \frac{b}{d} = \frac{a \cdot d + b \cdot c}{c \cdot d}$$

Subtraktion $(c, d \neq 0)$

$$\frac{a}{c} - \frac{b}{c} = \frac{a - b}{c}$$

$$\frac{a}{c} - \frac{b}{d} = \frac{a \cdot d - b \cdot c}{c \cdot d}$$

Multiplikation $(c, d \neq 0)$

$$\frac{a}{c} \cdot \frac{b}{d} = \frac{a \cdot b}{c \cdot d}$$

Division $(b, c, d \neq 0)$

$$\frac{a}{c} : \frac{b}{d} = \frac{a \cdot d}{c \cdot b}$$

A L G

Bezeichnungen

$a^b = c$

a: Basis; b: Exponent; a^b: Potenz; c: Potenzwert

Definitionen

$$a^n = \underbrace{a \cdot a \cdot a \cdot \ldots \cdot a}_{n \text{ Faktoren}} \qquad\qquad a \in \mathbb{R},\ n \in \mathbb{N} \setminus \{1\}$$

$$a^1 = a \qquad\qquad\qquad a \in \mathbb{R}$$

$$a^0 = 1 \qquad\qquad\qquad a \in \mathbb{R} \setminus \{0\}$$

$$a^{-n} = \frac{1}{a^n} \qquad\qquad\qquad a \in \mathbb{R} \setminus \{0\},\ n \in \mathbb{N}$$

$$a^{\frac{1}{n}} = \sqrt[n]{a} \qquad\qquad\qquad a \in \mathbb{R}_0^+,\ n \in \mathbb{N}$$

$$a^{\frac{m}{n}} = \sqrt[n]{a^m} \qquad\qquad\qquad a \in \mathbb{R}_0^+,\ m \in \mathbb{N},\ n \in \mathbb{N}$$

$$a^{-\frac{m}{n}} = \frac{1}{\sqrt[n]{a^m}} \qquad\qquad a \in \mathbb{R}_0^+,\ m \in \mathbb{N},\ n \in \mathbb{N}$$

Anmerkung:
Potenzen lassen sich auch für irrationale Exponenten definieren. Damit sind Potenzen für alle reellen Exponenten definiert.

Potenzgesetze

für $a, b \in \mathbb{R} \setminus \{0\}$ und $p, q \in \mathbb{Z}$
bzw. $a, b \in \mathbb{R}^+$ und $p, q \in \mathbb{R}$ gilt:

1. $a^p \cdot a^q = a^{p+q}$

2. $\dfrac{a^p}{a^q} = a^{p-q}$

3. $a^p \cdot b^p = (a \cdot b)^p$

4. $\dfrac{a^p}{b^p} = \left(\dfrac{a}{b}\right)^p$

5. $(a^p)^q = a^{p \cdot q}$

Wurzeln

Definitionen

$\sqrt{a}$ ist die positive Lösung der Gleichung $x^2 = a$ $(a \in \mathbb{R}_0^+)$

$\sqrt[n]{a}$ ist die positive Lösung der Gleichung $x^n = a$ $(a \in \mathbb{R}_0^+,\ n \in \mathbb{N})$

Bezeichnungen: a: Radikand;   n: Wurzelexponent

Folgerungen $(a \in \mathbb{R}_0^+,\ n \in \mathbb{N})$

$$\left(\sqrt{a}\right)^2 = a \qquad\qquad \left(\sqrt[n]{a}\right)^n = a$$

Rechengesetze $(a \in \mathbb{R}_0^+,\ b \in \mathbb{R}_0^+$ bzw. $b \in \mathbb{R}^+,\ n \in \mathbb{N})$

$$\sqrt{a} \cdot \sqrt{b} = \sqrt{a \cdot b} \qquad \frac{\sqrt{a}}{\sqrt{b}} = \sqrt{\frac{a}{b}} \qquad \sqrt[n]{a} \cdot \sqrt[n]{b} = \sqrt[n]{a \cdot b} \qquad \frac{\sqrt[n]{a}}{\sqrt[n]{b}} = \sqrt[n]{\frac{a}{b}}$$

Logarithmen

Definition

Die Lösung der Gleichung $a^x = b$ über $\mathbb{G} = \mathbb{R}$ nennt man den Logarithmus von b zur Basis a.

$$a^x = b \Leftrightarrow x = \log_a b \quad (a \in \mathbb{R}^+\backslash\{1\},\ b \in \mathbb{R}^+)$$

Bezeichnungen: a: Basis des Logarithmus;   b: Numerus

Folgerung

$\log_a b$ ist der Exponent, mit dem man die Basis a potenzieren muß, um den Potenzwert b zu erhalten.

Sonderfall: Zehnerlogarithmus (Dekadischer Logarithmus)

$$10^x = b \Leftrightarrow x = \log_{10} b \Leftrightarrow x = \lg b$$

Rechengesetze (Logarithmensätze)

1. $\log_a (u \cdot v) = \log_a u + \log_a v$
2. $\log_a \dfrac{u}{v} = \log_a u - \log_a v$ $(u, v \in \mathbb{R}^+;\ k \in \mathbb{R};\ a \in \mathbb{R}^+\backslash\{1\})$
3. $\log_a (u^k) = k \cdot \log_a u$

Berechnung von Logarithmen mit beliebiger Basis

Für $a \in \mathbb{R}^+\backslash\{1\}$, $b \in \mathbb{R}^+$ gilt: $\log_a b = \dfrac{\lg b}{\lg a}$

A L G

Terme

Zahlen, Variable und sinnvolle Zusammenstellungen von Zahlen, Variablen und Rechenzeichen nennt man Terme.

Äquivalente Terme

Terme, die bei jeder möglichen Belegung aus einer Grundmenge $\mathbb{G}$ stets den gleichen Termwert haben, heißen äquivalent über $\mathbb{G}$.

Termumformungen

Die Umformung eines Terms in einen äquivalenten Term heißt Termumformung.

Auflösen von Klammern (Klammerregel)

$$a + (b + c) = a + b + c$$
$$a + (b - c) = a + b - c$$
$$a - (b + c) = a - b - c$$
$$a - (b - c) = a - b + c$$

Ausklammern (Faktorisieren)

$$a \cdot d + b \cdot d + c \cdot d = d \cdot (a + b + c)$$

Ausmultiplizieren

$$(a + b + c) \cdot d = a \cdot d + b \cdot d + c \cdot d$$

Multiplikation von Summen

$$(a + b) \cdot (c + d) = a \cdot c + a \cdot d + b \cdot c + b \cdot d$$

Binomische Formeln

1. $(a + b)^2 = a^2 + 2 \cdot a \cdot b + b^2$

2. $(a - b)^2 = a^2 - 2 \cdot a \cdot b + b^2$

3. $(a + b) \cdot (a - b) = a^2 - b^2$

Äquivalenzumformungen von Gleichungen

Die Lösungsmenge einer Gleichung ändert sich nicht, wenn man auf beiden Seiten
- den gleichen Term addiert,
- den gleichen Term subtrahiert,
- mit dem gleichen Term $(T \neq 0)$ multipliziert,
- durch den gleichen Term $(T \neq 0)$ dividiert.

Dabei ist T der Wert des Terms.

A
L
G

Äquivalenzumformungen von Ungleichungen

Die Lösungsmenge einer Ungleichung ändert sich nicht,
wenn man auf beiden Seiten
- den gleichen Term addiert,
- den gleichen Term subtrahiert,
- mit dem gleichen Term $(T > 0)$ multipliziert,
- durch den gleichen Term $(T > 0)$ dividiert.

Multipliziert man mit einem Term $(T < 0)$ oder dividiert man durch einen Term $(T < 0)$, so ändert sich die Lösungsmenge ebenfalls nicht, wenn man gleichzeitig das Ungleichheitszeichen umkehrt. *(Inversionsgesetz)*

Dabei ist T der Wert des Terms.

Verknüpfungen von Aussageformen

Die Aussageform A_1 hat die Lösungsmenge $\mathbb{L}_1$.
Die Aussageform A_2 hat die Lösungsmenge $\mathbb{L}_2$.
Verknüpfung $A_1 \wedge A_2$: Lösungsmenge $\mathbb{L} = \mathbb{L}_1 \cap \mathbb{L}_2$
Verknüpfung $A_1 \vee A_2$: Lösungsmenge $\mathbb{L} = \mathbb{L}_1 \cup \mathbb{L}_2$

Spezielle Gleichungen und Ungleichungen

$$a \cdot b = 0 \quad \Leftrightarrow \quad a = 0 \vee b = 0$$

$$a \cdot b > 0 \quad \Leftrightarrow \quad (a > 0 \wedge b > 0) \vee (a < 0 \wedge b < 0)$$

$$a \cdot b < 0 \quad \Leftrightarrow \quad (a > 0 \wedge b < 0) \vee (a < 0 \wedge b > 0)$$

$$\frac{a}{b} = 0 \quad \Leftrightarrow \quad a = 0 \wedge b \neq 0$$

$$\frac{a}{b} > 0 \quad \Leftrightarrow \quad (a > 0 \wedge b > 0) \vee (a < 0 \wedge b < 0)$$

$$\frac{a}{b} < 0 \quad \Leftrightarrow \quad (a > 0 \wedge b < 0) \vee (a < 0 \wedge b > 0)$$

$$a < b < c \quad \Leftrightarrow \quad a < b \wedge b < c$$

Zweireihige Determinante

$$\begin{vmatrix} a_1 & b_1 \\ a_2 & b_2 \end{vmatrix} = a_1 \cdot b_2 - a_2 \cdot b_1$$

Lineares Gleichungssystem

$$\begin{aligned} a_1 \cdot x + b_1 \cdot y &= c_1 \\ \wedge \quad a_2 \cdot x + b_2 \cdot y &= c_2 \end{aligned}$$

$(a_1, c_1, a_2, c_2 \in \mathbb{R}; \; b_1, b_2 \in \mathbb{R}\backslash\{0\}; \; \mathbb{G} = \mathbb{R} \times \mathbb{R})$

$D_N \neq 0$: ein Lösungspaar $(x|y)$

$$x = \frac{D_x}{D_N}; \qquad y = \frac{D_y}{D_N} \qquad \textit{(Cramersche Regel)}$$

$$D_N = \begin{vmatrix} a_1 & b_1 \\ a_2 & b_2 \end{vmatrix} \qquad D_X = \begin{vmatrix} c_1 & b_1 \\ c_2 & b_2 \end{vmatrix} \qquad D_Y = \begin{vmatrix} a_1 & c_1 \\ a_2 & c_2 \end{vmatrix}$$

Übersicht

Anzahl der Lösungspaare	Bedingungen für die Determinanten	Lösungsmenge
ein Lösungspaar	$D_N \neq 0$	$\mathbb{L} = \left\langle \left(\dfrac{D_X}{D_N} \middle\vert \dfrac{D_Y}{D_N}\right) \right\rangle$
kein Lösungspaar	$D_N = 0$ $\wedge \; D_X \neq 0$	$\mathbb{L} = \emptyset$
unendlich viele Lösungspaare	$D_N = 0$ $\wedge \; D_X = 0$	$\mathbb{L} = \{(x\vert y) \mid a_1 \cdot x + b_1 \cdot y = c_1\}$ $= \{(x\vert y) \mid a_2 \cdot x + b_2 \cdot y = c_2\}$

A L G

Allgemeine Form der quadratischen Gleichung

$$a \cdot x^2 + b \cdot x + c = 0 \qquad\qquad (a \in \mathbb{R}\backslash\{0\};\ b, c \in \mathbb{R};\ \mathbb{G} = \mathbb{R})$$

Diskriminante $D = b^2 - 4 \cdot a \cdot c$

Die Lösungsmenge $\mathbb{L}$ besitzt für

$D > 0$ *zwei* Elemente: $\mathbb{L} = \left\{ \dfrac{-b - \sqrt{b^2 - 4 \cdot a \cdot c}}{2 \cdot a} \ ;\ \dfrac{-b + \sqrt{b^2 - 4 \cdot a \cdot c}}{2 \cdot a} \right\}$

$D = 0$ *ein* Element: $\mathbb{L} = \left\{ -\dfrac{b}{2 \cdot a} \right\}$

$D < 0$ *kein* Element: $\mathbb{L} = \emptyset$

Lösungsformel:

$$x_{1/2} = \frac{-b \pm \sqrt{b^2 - 4 \cdot a \cdot c}}{2 \cdot a}$$

Normalform der quadratischen Gleichung

$$x^2 + p \cdot x + q = 0 \qquad\qquad (p, q \in \mathbb{R};\ \mathbb{G} = \mathbb{R})$$

Sind x_1 und x_2 die Lösungen dieser Gleichung, so gilt:

$$x_1 + x_2 = -p \qquad \text{und} \qquad x_1 \cdot x_2 = q$$

Diese Beziehungen nennt man den **Satz von Vieta**.

Linearfaktorenzerlegung

$$x^2 + p \cdot x + q = (x - x_1) \cdot (x - x_2)$$

Dabei sind x_1 und x_2 die Lösungen der quadratischen Gleichung
$x^2 + p \cdot x + q = 0$

Anmerkung:
Besitzt die quadratische Gleichung nur eine Lösung, so gilt: $x_1 = x_2$.

Direkte Proportionalität

Zwei Größen a und b sind
direkt proportional $(a \sim b)$,
wenn dem n-fachen der Größe a
    das n-fache der Größe b
zugeordnet ist.

Folgerungen:
1. Die Größenpaare (a|b) sind
   quotientengleich.

   $$\frac{b}{a} = k \iff b = k \cdot a$$

   k ist eine Konstante und
   heißt *Proportionalitätsfaktor*.

2. Die graphische Darstellung
   der Größenpaare ergibt
   Punkte, die auf einer
   Ursprungsgeraden liegen.

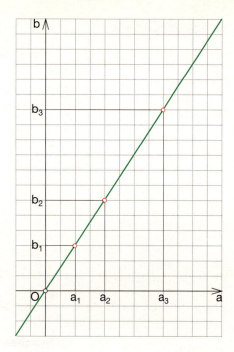

Indirekte Proportionalität

Zwei Größen a und b sind

indirekt proportional $\left(a \sim \dfrac{1}{b}\right)$,

wenn dem n-fachen der Größe a
    der n-te Teil der Größe b
zugeordnet ist.

Folgerungen:

1. Die Größenpaare (a|b) sind
   produktgleich.

   $$a \cdot b = k$$

   k ist eine Konstante.

2. Die graphische Darstellung
   der Größenpaare ergibt
   Punkte, die auf einem
   Hyperbelast liegen.

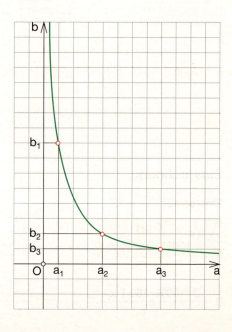

Prozentrechnung

1 Prozent (%) einer Größe ist $\dfrac{1}{100}$ der Größe.

$$\frac{P}{p} = \frac{G}{100\%}$$

P: Prozentwert
p: Prozentsatz
G: Grundwert

$$P = \frac{G \cdot p}{100\%} \qquad p = \frac{P \cdot 100\%}{G} \qquad G = \frac{P \cdot 100\%}{p}$$

Promillerechnung

1 Promille (‰) einer Größe ist $\dfrac{1}{1000}$ der Größe.

$$\frac{P}{p} = \frac{G}{1000\text{‰}}$$

P: Promillewert
p: Promillesatz
G: Grundwert

$$P = \frac{G \cdot p}{1000\text{‰}} \qquad p = \frac{P \cdot 1000\text{‰}}{G} \qquad G = \frac{P \cdot 1000\text{‰}}{p}$$

Zinsrechnung

Zinsformel:

$$Z = \frac{K \cdot p \cdot t}{100\% \cdot 360\,\text{Tage}}$$

Z: Zinsen
K: Kapital
p: Zinssatz
t: Laufzeit in Tagen

$$K = \frac{Z \cdot 100\% \cdot 360\,\text{Tage}}{p \cdot t} \qquad p = \frac{Z \cdot 100\% \cdot 360\,\text{Tage}}{K \cdot t} \qquad t = \frac{Z \cdot 100\% \cdot 360\,\text{Tag}}{K \cdot p}$$

A L G

Relation R: Lösungsmenge einer Aussageform mit zwei Variablen

Relationsvorschrift: Aussageform mit zwei Variablen

Grundmenge $\mathbb{G}$**:** Produktmenge $M_1 \times M_2$

Definitionsmenge $\mathbb{D}$**:** Menge der 1. Komponenten der Paare der Relation

Wertemenge $\mathbb{W}$**:** Menge der 2. Komponenten der Paare der Relation

Beispiel:

Relationsvorschrift: $x + y < 4$

Grundmenge: $\mathbb{G} = M_1 \times M_2$
$M_1 = \{1; 2; 3; 4; 5\}$
$M_2 = \{0; 1; 2; 3; 4\}$

Relation: $R = \{(1|0); (1|1); (1|2);$
$(2|0); (2|1); (3|0)\}$

Definitionsmenge: $\mathbb{D} = \{1; 2; 3\}$

Wertemenge: $\mathbb{W} = \{0; 1; 2\}$

Pfeildiagramm der Relation R

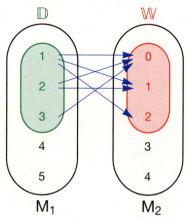

Sind die Elemente einer Relation R Zahlenpaare, dann lassen sich diesen Zahlenpaaren Punkte im Koordinatensystem zuordnen.

Die Menge dieser Punkte ist der **Graph der Relation R**.

Die x-Koordinate der Punkte heißt **Abszisse**.
Die y-Koordinate der Punkte heißt **Ordinate**.

Die x-Achse heißt Abszissenachse.
Die y-Achse heißt Ordinatenachse.

Koordinatendiagramm der Relation R

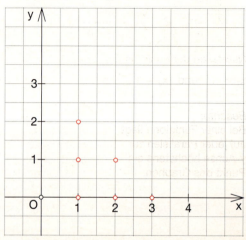

Funktion f:
Relation, bei der jedem Element der Definitionsmenge $\mathbb{D}$ genau ein Element der Wertemenge $\mathbb{W}$ zugeordnet ist.
Ist die Funktionsvorschrift eine Gleichung der Form $y = f(x)$,
dann heißt der Term $f(x)$ **Funktionsterm**.
Die x-Werte, denen der y-Wert 0 zugeordnet ist, heißen Nullstellen der Funktion.

Beispiel:

Funktionsgleichung: $y = x^2 - 1$

Grundmenge:
$\mathbb{G} = M_1 \times M_2$
$M_1 = \{-3; -2; -1; 0; 1; 2; 3\}$
$M_2 = \{-2; -1; 0; 1; 2; 3\}$

Funktion:
$f = \{(-2|3); (-1|0); (0|-1);$
$\quad (1|0); (2|3)\}$

Definitionsmenge:
$\mathbb{D} = \{-2; -1; 0; 1; 2\}$

Wertemenge:
$\mathbb{W} = \{-1; 0; 3\}$

Beachte:
Von jedem Element der
Defintionsmenge $\mathbb{D}$ geht
genau ein Pfeil aus.

Wertetabelle der Funktion f:

x	-2	-1	0	1	2
y	3	0	-1	0	3

Nullstellen der Funktion f:

$x_1 = -1$ und $x_2 = 1$

Beachte:
Bei einer Funktion f liegt
auf jeder Parallelen zur
y-Achse höchstens ein
Punkt des Graphen.

Pfeildiagramm der Funktion f

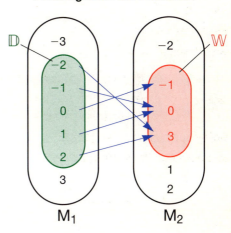

Koordinatendiagramm der Funktion f

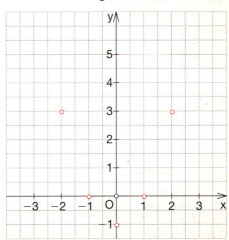

Umkehrrelation

Vertauscht man in den Paaren der Relation R die ersten Komponenten mit den zweiten Komponenten, so erhält man die Umkehrrelation R^{-1}.

Damit gilt: $\mathbb{D}(R^{-1}) = \mathbb{W}(R)$; $\mathbb{W}(R^{-1}) = \mathbb{D}(R)$.

Man erhält die Relationsvorschrift der Umkehrrelation R^{-1}, wenn man in der Relationsvorschrift der Relation R die Variablen x und y vertauscht.

Beispiel:

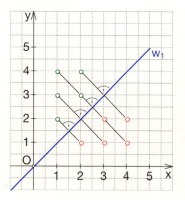

$R = \{(1|2); (1|3); (1|4); (2|3); (2|4)\}$
$\mathbb{D}(R) = \{1; 2\}$
$\mathbb{W}(R) = \{2; 3; 4\}$
Relationsvorschrift von R: $y > x$

$R^{-1} = \{(2|1); (3|1); (4|1); (3|2); (4|2)\}$
$\mathbb{D}(R^{-1}) = \{2; 3; 4\}$
$\mathbb{W}(R^{-1}) = \{1; 2\}$
Relationsvorschrift von R^{-1}: $x > y$

Man erhält den Graphen der Umkehrrelation R^{-1}, wenn man den Graphen der Relation R durch Achsenspiegelung an der Winkelhalbierenden w_1 des I. und III. Quadranten des Koordinatensystems abbildet.

Umkehrfunktion

Vertauscht man in den Paaren der Funktion f die ersten Komponenten mit den zweiten Komponenten, so erhält man die Umkehrrelation R^{-1}.
Ist die Umkehrrelation wieder eine Funktion, so wird sie als Umkehrfunktion f^{-1} bezeichnet.

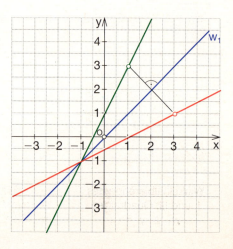

Beispiel:

$f : y = 2 \cdot x + 1;$ $\mathbb{G} = \mathbb{R} \times \mathbb{R}$

$f^{-1}: x = 2 \cdot y + 1$
$\Leftrightarrow y = \frac{1}{2} \cdot x - \frac{1}{2};$ $\mathbb{G} = \mathbb{R} \times \mathbb{R}$

Gleichung: $\boxed{y = m \cdot x + t}$ mit $m, t \in \mathbb{R}$ und $\mathbb{G} = \mathbb{R} \times \mathbb{R}$

Definitionsmenge: $\mathbb{D} = \mathbb{R}$

Wertemenge: $\mathbb{W} = \mathbb{R}$ für $m \neq 0$

                    $\mathbb{W} = \{t\}$ für $m = 0$

Graph: Gerade, die nicht parallel zur y-Achse des Koordinaten-
                       systems verläuft

       $m > 0$ $m = 0$ $m < 0$

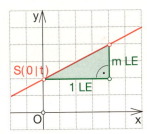 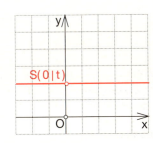 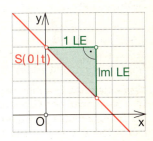

Sonderfälle:

   $m = 1$ und $t = 0$ $m = 0$ und $t = 0$ $m = -1$ und $t = 0$

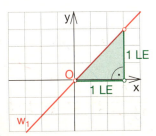 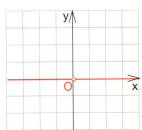 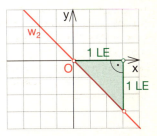

Winkelhalbierende des   x-Achse des   Winkelhalbierende des
I. und III. Quadranten   Koordinatensystems   II. und IV. Quadranten
   $w_1 \triangleq y = x$ x-Achse $\triangleq y = 0$ $w_2 \triangleq y = -x$

Normalform

$$y = m \cdot x + t \qquad m, t \in \mathbb{R}$$

m: Steigung
t: y-Achsenabschnitt

Für die Steigung m gilt:

$$m = \frac{y_2 - y_1}{x_2 - x_1} = \tan \alpha \qquad (x_2 - x_1 \neq 0)$$

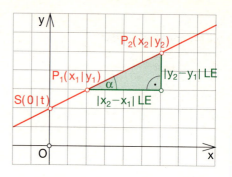

Allgemeine Form

$$a \cdot x + b \cdot y + c = 0 \qquad a, b, c \in \mathbb{R}$$

Sonderfall:
$b = 0$ und $a \neq 0$:

$$a \cdot x + c = 0 \quad \text{bzw.} \quad x = -\frac{c}{a}$$

Der Graph ist eine Parallele zur y-Achse.

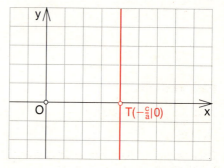

Punkt-Steigungs-Form

$$y = m \cdot (x - x_p) + y_p \qquad m, x_p, y_p \in \mathbb{R}$$

m: Steigung der Geraden
x_p: x-Koordinate des Punktes P
y_p: y-Koordinate des Punktes P

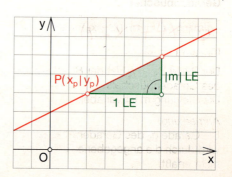

Orthogonale Geraden

$g_1 \triangleq y = m_1 \cdot x + t_1$
$g_2 \triangleq y = m_2 \cdot x + t_2$

$$g_1 \perp g_2 : m_1 \cdot m_2 = -1$$

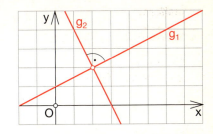

Parallele Geraden

$g_1 \triangleq y = m_1 \cdot x + t_1$
$g_2 \triangleq y = m_2 \cdot x + t_2$

$$g_1 \parallel g_2 : m_1 = m_2$$

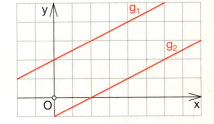

Parallelenschar

$$g(t) \triangleq y = m_0 \cdot x + t$$

$m_0, t \in \mathbb{R}$

Dabei ist die Steigung m_0 fest, und der y-Achsenabschnitt t ist variabel.

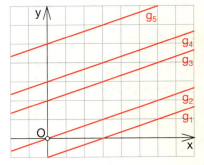

Geradenbüschel

$$g(m) \triangleq y = m \cdot (x - x_B) + y_B$$

$m, x_B, y_B \in \mathbb{R}$

Der Punkt $B(x_B | y_B)$ ist der *Büschelpunkt* des Geradenbüschels.
Die Steigung m ist variabel.

Anmerkung:
Die Gerade g_0 des Geradenbüschels $g(m)$ wird durch die angegebene Gleichung nicht erfaßt.

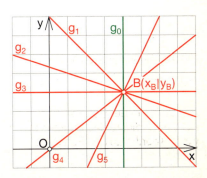

A L G

Gleichung: $\boxed{y = a \cdot x^2 + b \cdot x + c}$ $\quad a \in \mathbb{R}\backslash\{0\};\ b, c \in \mathbb{R}$ und $\mathbb{G} = \mathbb{R} \times \mathbb{R}$

Definitonsmenge: $\mathbb{D} = \mathbb{R}$

Wertemenge:

$$\mathbb{W} = \left\{y \mid y \geqq c - \frac{b^2}{4 \cdot a}\right\} = \left\{y \mid y \geqq y_s\right\} \qquad \text{für } a > 0$$

$$\mathbb{W} = \left\{y \mid y \leqq c - \frac{b^2}{4 \cdot a}\right\} = \left\{y \mid y \leqq y_s\right\} \qquad \text{für } a < 0$$

Graph: Parabel mit dem Scheitelpunkt $S(x_s \mid y_s)$:

$$x_s = -\frac{b}{2 \cdot a}\ ;\quad y_s = c - \frac{b^2}{4 \cdot a}$$

$a > 0$: nach oben geöffnete Parabel $\qquad$ $a < 0$: nach unten geöffnete Parabel

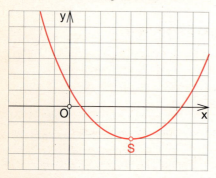 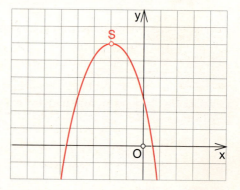

Parabelgleichungen:

Allgemeine Form: $\quad y = a \cdot x^2 + b \cdot x + c$

Scheitelform: $\quad y = a \cdot (x - x_s)^2 + y_s$

Sonderfall: $\quad y = x^2 + p \cdot x + q \qquad p, q \in \mathbb{R}$

verschobene Normalparabel → Gleichung der Normalparabel mit dem

Scheitelpunkt $S\left(-\dfrac{p}{2} \ \middle| \ q - \left(\dfrac{p}{2}\right)^2\right)$

Potenzfunktionen mit natürlichen Exponenten

Gleichung: $\boxed{y = x^n}$ $n \in \mathbb{N}\backslash\{1\}$ und $\mathbb{G} = \mathbb{R}\times\mathbb{R}$

Definitionsmenge: $\mathbb{D} = \mathbb{R}$
Wertemenge: $\mathbb{W} = \mathbb{R}_0^+$ für n gerade
                 $\mathbb{W} = \mathbb{R}$ für n ungerade
Graph: Parabel n-ter Ordnung

n gerade: achsensymmetrische Parabel   n ungerade: punktsymmetrische Parabel

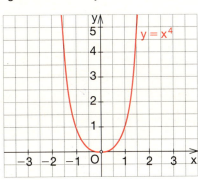
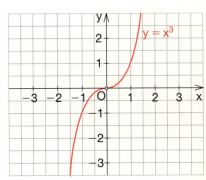

Potenzfunktionen mit negativen ganzzahligen Exponenten

Gleichung: $\boxed{y = x^{-n}}$ $n \in \mathbb{N}$ und $\mathbb{G} = \mathbb{R}\times\mathbb{R}$

Definitionsmenge: $\mathbb{D} = \mathbb{R}\backslash\{0\}$
Wertemenge: $\mathbb{W} = \mathbb{R}^+$ für n gerade
                 $\mathbb{W} = \mathbb{R}\backslash\{0\}$ für n ungerade
Graph: Hyperbel n-ter Ordnung
            Die Koordinatenachsen sind Asymptoten des Graphen.

n gerade: n ungerade:
achsensymmetrische Hyperbel   punktsymmetrische Hyperbel

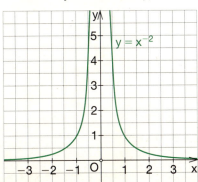
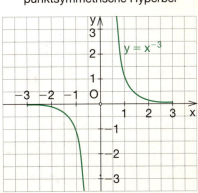

A
L
G

Potenzfunktionen mit positiven rationalen Exponenten

Gleichung: $$y = x^{\frac{m}{n}}$$

$m, n \in \mathbb{N} \quad (m \neq n)$

$\mathbb{G} = \mathbb{R}_0^+ \times \mathbb{R}_0^+$

Definitionsmenge: $\mathbb{D} = \mathbb{R}_0^+$

Wertemenge: $\mathbb{W} = \mathbb{R}_0^+$

Graph: Parabelast, der durch den Punkt P(1|1) verläuft.

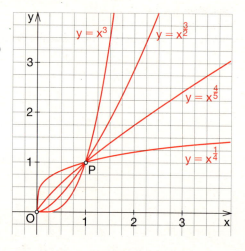

Potenzfunktionen mit negativen rationalen Exponenten

Gleichung: $$y = x^{-\frac{m}{n}}$$

$m, n \in \mathbb{N} \quad (m \neq n)$

$\mathbb{G} = \mathbb{R}_0^+ \times \mathbb{R}_0^+$

Definitionsmenge: $\mathbb{D} = \mathbb{R}^+$

Wertemenge: $\mathbb{W} = \mathbb{R}^+$

Graph: Hyperbelast, der durch den Punkt P(1|1) verläuft. Die x-Achse und die y-Achse sind Asymptoten des Graphen.

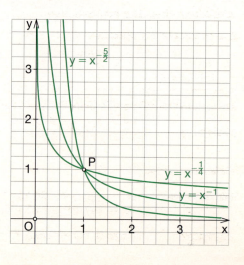

Gleichung: $\boxed{y = a^x}$ $a \in \mathbb{R}^+\backslash\{1\}$ und $\mathbb{G} = \mathbb{R} \times \mathbb{R}$

Definitionsmenge: $\mathbb{D} = \mathbb{R}$
Wertemenge: $\mathbb{W} = \mathbb{R}^+$
Graph: Exponentialkurve mit der x-Achse als Asymptote

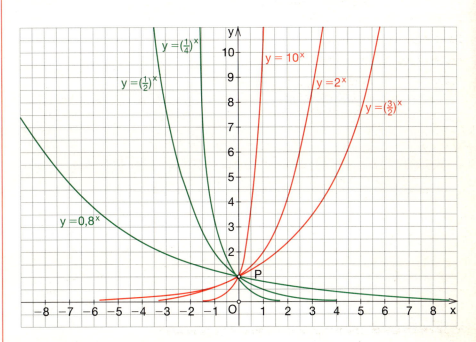

Abbildung einer Exponentialkurve

Gleichung der Exponentialkurve e: $y = a^x$; $a \in \mathbb{R}^+\backslash\{1\}$

$$\vec{v} = \begin{pmatrix} b \\ c \end{pmatrix}$$

$$e \xrightarrow{\quad \text{x-Achse; k} \quad} e' \xrightarrow{\qquad\qquad} e''$$

Dabei ist e'' der Graph der Funktion f mit der

Gleichung: $\boxed{y = k \cdot a^{x-b} + c}$ $a \in \mathbb{R}^+\backslash\{1\}$; $k \in \mathbb{R}\backslash\{0\}$; $b, c \in \mathbb{R}$

und $\mathbb{G} = \mathbb{R} \times \mathbb{R}$

Definitionsmenge: $\mathbb{D} = \mathbb{R}$

Wertemenge: $\mathbb{W} = \{y | y > c\}$ für $k > 0$
$\mathbb{W} = \{y | y < c\}$ für $k < 0$

Asymptote: Parallele zur x-Achse mit der Gleichung $y = c$

Gleichung: $\boxed{y = \log_a x}$ $\qquad a \in \mathbb{R}^+\backslash\{1\}$ und $\mathbb{G} = \mathbb{R} \times \mathbb{R}$

Definitionsmenge: $\mathbb{D} = \mathbb{R}^+$
Wertemenge: $\mathbb{W} = \mathbb{R}$
Graph: Logarithmuskurve mit der y-Achse als Asymptote

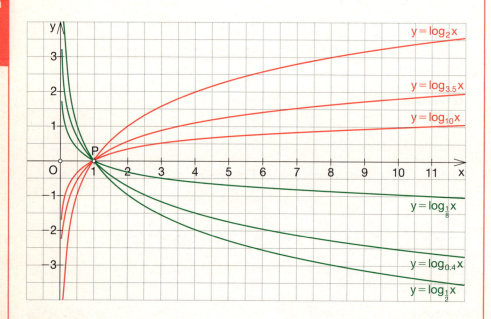

Abbildung einer Logarithmuskurve

Gleichung der Logarithmuskurve l: $\quad y = \log_a x;$ $\qquad a \in \mathbb{R}^+\backslash\{1\}$

$$\vec{v} = \begin{pmatrix} b \\ c \end{pmatrix}$$

$$l \xmapsto{\quad \text{x-Achse; k} \quad} l' \xmapsto{\qquad\qquad} l''$$

Dabei ist l'' der Graph der Funktion f mit der

Gleichung: $\boxed{y = k \cdot \log_a(x - b) + c}$ $\qquad a \in \mathbb{R}^+\backslash\{1\}; \; k \in \mathbb{R}\backslash\{0\}; \; b, c \in \mathbb{R}$

$\qquad\qquad\qquad\qquad\qquad\qquad\qquad\qquad\qquad$ und $\mathbb{G} = \mathbb{R} \times \mathbb{R}$

Definitionsmenge: $\mathbb{D} = \{x \mid x > b\}$
Wertemenge: $\mathbb{W} = \mathbb{R}$
Asymptote: Parallele zur y-Achse mit der Gleichung $x = b$

Sinusfunktion

Gleichung: $\boxed{y \;=\; \sin x}$ $\mathbb{G} = \mathbb{R} \times \mathbb{R}$

Definitionsmenge: $\mathbb{D} \;=\; \mathbb{R}$
Wertemenge: $\mathbb{W} \;=\; [-1; 1]$
Graph: Sinuskurve mit der Periode 2π

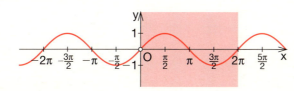

Kosinusfunktion

Gleichung: $\boxed{y \;=\; \cos x}$ $\mathbb{G} = \mathbb{R} \times \mathbb{R}$

Definitionsmenge: $\mathbb{D} \;=\; \mathbb{R}$
Wertemenge: $\mathbb{W} \;=\; [-1; 1]$
Graph: Kosinuskurve mit der Periode 2π

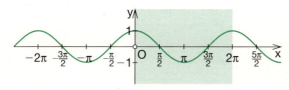

Tangensfunktion

Gleichung: $\boxed{y \;=\; \tan x}$ $\mathbb{G} = \mathbb{R} \times \mathbb{R}$

Definitionsmenge: $\mathbb{D} \;=\; \mathbb{R} \setminus \left\{ \ldots; -\dfrac{3\pi}{2}; -\dfrac{\pi}{2}; \dfrac{\pi}{2}; \dfrac{3\pi}{2}; \ldots \right\}$

Wertemenge: $\mathbb{W} \;=\; \mathbb{R}$
Graph: Tangenskurve mit der Periode π

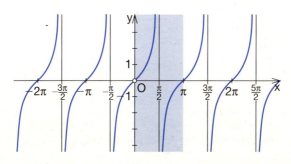

GEO

Ein Winkel ist eine flächenhafte Punkt-menge, die von zwei Halbgeraden mit dem gemeinsamen Anfangspunkt S begrenzt wird.

Symbol: $\sphericalangle$ ASB

Maß des Winkels: α

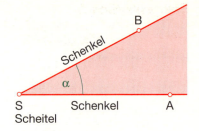

Winkelarten

Spitzer Winkel
$0° < \alpha < 90°$

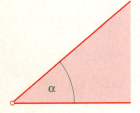

Rechter Winkel
$\beta = 90°$

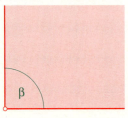

Stumpfer Winkel
$90° < \gamma < 180°$

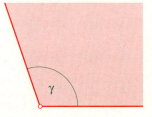

Gestreckter Winkel
$\delta = 180°$

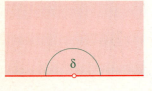

Überstumpfer Winkel
$180° < \varepsilon < 360°$

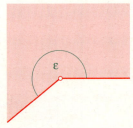

Vollwinkel
$\varphi = 360°$

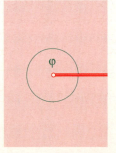

Spezielle Winkel

Nebenwinkel

$$\alpha_1 + \alpha_2 = 180°$$

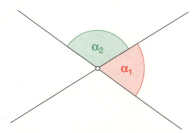

Scheitelwinkel

$$\beta_1 = \beta_2$$

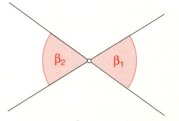

Wechselwinkel an Parallelen
(Z-Winkel)

$$\gamma_1 = \gamma_2$$

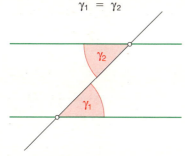

Stufenwinkel an Parallelen
(F-Winkel)

$$\delta_1 = \delta_2$$

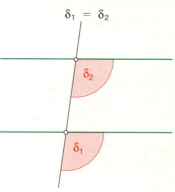

Randwinkel (Peripheriewinkel)

Alle Randwinkel über demselben Kreisbogen haben das gleiche Maß.

Mittelpunktswinkel (Zentriwinkel)

Der Mittelpunktswinkel über einem Kreisbogen hat das doppelte Maß wie ein Randwinkel über demselben Kreisbogen.
$$\varepsilon = 2 \cdot \gamma$$

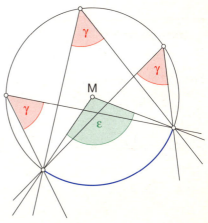

Eine geometrische Ortslinie ist eine linienhafte Punktmenge, deren Elemente alle die gleiche geometrische Eigenschaft haben.

Kreislinie k

Die Kreislinie k mit dem Mittelpunkt M und dem Radius r ist die Menge aller Punkte P, die von M die Entfernung r haben.

$$k = \{P \mid \overline{PM} = r\}$$

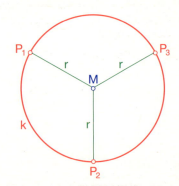

Mittelsenkrechte m

Die Mittelsenkrechte m einer Strecke [AB] ist die Menge aller Punkte P, die von den Endpunkten A und B gleich weit entfernt sind.

$$m = \{P \mid \overline{PA} = \overline{PB}\}$$

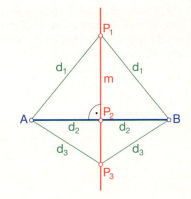

Winkelhalbierende w_1 und w_2

Die Winkelhalbierenden w_1 und w_2 zweier sich schneidender Geraden g_1 und g_2 bilden die Menge aller Punkte P, die von g_1 und g_2 gleichen Abstand haben.

$$w_1 \cup w_2 = \{P \mid d(P; g_1) = d(P; g_2)\}$$

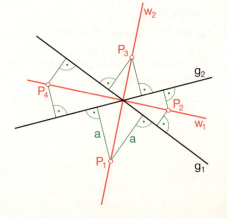

Mittelparallele p

Die Mittelparallele p zweier paralleler Geraden g_1 und g_2 ist die Menge aller Punkte P, die von g_1 und g_2 gleichen Abstand haben.

$$p = \{P \mid d(P; g_1) = d(P; g_2)\}$$

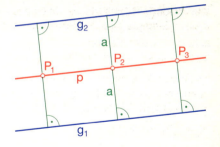

Parallelenpaar (p_1; p_2)

Das Parallelenpaar (p_1; p_2) zu einer gegebenen Geraden g im Abstand a ist die Menge aller Punkte P, die von g den Abstand a haben.

$$p_1 \cup p_2 = \{P \mid d(P; g) = a\}$$

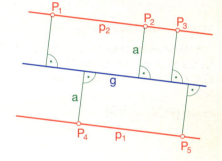

Thaleskreis

Auf der Kreislinie k mit dem Durchmesser $\overline{AB}$ liegt die Menge aller Punkte P, von denen aus die Strecke [AB] unter einem rechten Winkel erscheint.

$$k = \{P \mid \sphericalangle APB = 90° \lor \sphericalangle BPA = 90°\}$$

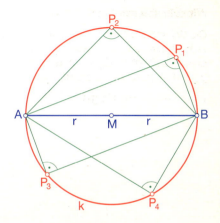

Bezeichnungen

A, B, C: Eckpunkte
a, b, c: Seitenlängen
α, β, γ: Innenwinkelmaße
$\alpha_1, \beta_1, \gamma_1$: Außenwinkelmaße

Innenwinkelsatz

$\alpha + \beta + \gamma = 180°$

Außenwinkelsatz

$\alpha_1 = \beta + \gamma$; $\beta_1 = \alpha + \gamma$; $\gamma_1 = \alpha + \beta$

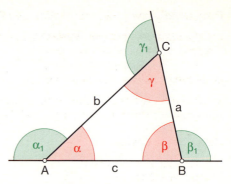

Dreieckssonderformen

Gleichschenkliges Dreieck

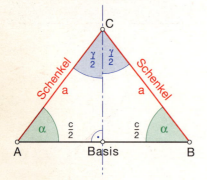

Rechtwinkliges Dreieck

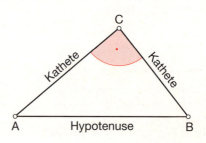

Gleichschenklig-rechtwinkliges Dreieck

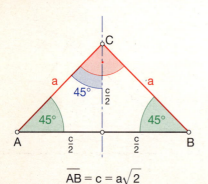

$$\overline{AB} = c = a\sqrt{2}$$

Gleichseitiges Dreieck

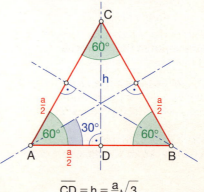

$$\overline{CD} = h = \frac{a}{2}\sqrt{3}$$

Beziehungen zwischen den Seiten und Winkeln

In jedem Dreieck liegt der größeren Seite auch der größere Winkel gegenüber und umgekehrt liegt dem größeren Winkel auch die größere Seite gegenüber.

Beziehungen zwischen den Seiten

In jedem Dreieck ist die Länge jeder Dreiecksseite kleiner als die Summe und größer als die Differenz der Längen der beiden anderen Dreiecksseiten.

Umkreis des Dreiecks

In jedem Dreieck schneiden sich die drei Mittelsenkrechten in einem Punkt.
Dieser Punkt ist der Mittelpunkt des Umkreises.
Für den Umkreisradius r gilt:

$$2r = \frac{a}{\sin\alpha} = \frac{b}{\sin\beta} = \frac{c}{\sin\gamma}$$

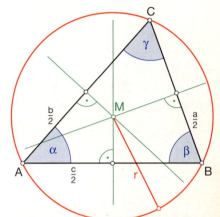

Inkreis des Dreiecks

In jedem Dreieck schneiden sich die drei Winkelhalbierenden in einem Punkt.
Dieser Punkt ist der Mittelpunkt des Inkreises.
ρ ist der Radius des Inkreises.

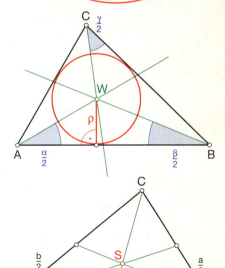

Schwerpunkt des Dreiecks

In jedem Dreieck schneiden sich die drei Seitenhalbierenden (Schwerlinien) in einem Punkt.
Dieser Punkt ist der Schwerpunkt des Dreiecks.
Er teilt jede Seitenhalbierende des Dreiecks im Verhältnis 2:1.

GEO

G
E
O

Kongruenzsätze für Dreiecke

1. Dreiecke sind kongruent, wenn sie in den Längen der drei Seiten übereinstimmen (SSS).

 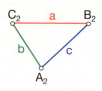

2. Dreiecke sind kongruent, wenn sie in den Längen zweier Seiten und dem Maß des eingeschlossenen Winkels übereinstimmen (SWS).

 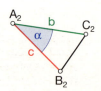

3. Dreiecke sind kongruent, wenn sie in den Längen zweier Seiten und dem Maß des Gegenwinkels der größeren der beiden Seiten übereinstimmen (SSW$_g$).

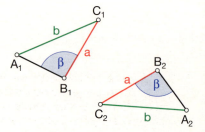

4. Dreiecke sind kongruent, wenn sie in der Länge einer Seite und den Maßen von zwei jeweils gleichliegenden Winkeln übereinstimmen (WSW bzw. SWW).

Ähnlichkeitssätze für Dreiecke

1. Dreiecke sind ähnlich, wenn sie im Verhältnis der Längen entsprechender Seiten übereinstimmen.

$$\frac{a_1}{a_2} = \frac{b_1}{b_2} = \frac{c_1}{c_2}$$

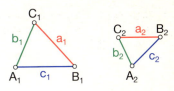

2. Dreiecke sind ähnlich, wenn sie im Verhältnis der Längen zweier Seiten und im Maß des eingeschlossenen Winkels übereinstimmen.

$$\frac{b_1}{b_2} = \frac{c_1}{c_2}\,; \qquad \alpha_1 = \alpha_2$$

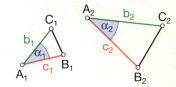

3. Dreiecke sind ähnlich, wenn sie im Verhältnis der Längen zweier Seiten und im Maß des Gegenwinkels der größeren der beiden Seiten übereinstimmen.

$$\frac{a_1}{a_2} = \frac{b_1}{b_2}\,; \qquad \beta_1 = \beta_2$$

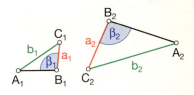

4. Dreiecke sind ähnlich, wenn sie in den Maßen von zwei Winkeln übereinstimmen.

$$\alpha_1 = \alpha_2\,; \qquad \gamma_1 = \gamma_2$$

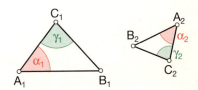

G
E
O

G E O

Vierstreckensatz

Werden zwei sich schneidende Geraden von zwei Parallelen in vier Punkten geschnitten, so gilt:

1. Die Längen zweier Strecken auf der einen Geraden verhalten sich wie die Längen der entsprechenden Strecken auf der anderen Geraden.

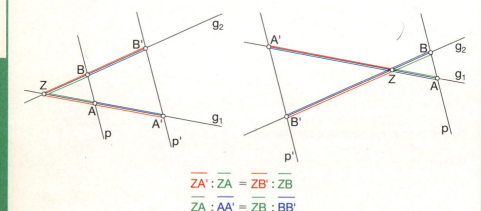

$$\overline{ZA'} : \overline{ZA} = \overline{ZB'} : \overline{ZB}$$

$$\overline{ZA} : \overline{AA'} = \overline{ZB} : \overline{BB'}$$

2. Die Längen der Strecken auf den Parallelen verhalten sich wie die vom Geradenschnittpunkt aus gemessenen Längen der entsprechenden Strecken auf jeder der sich schneidenden Geraden.

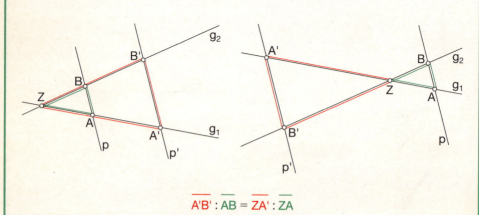

$$\overline{A'B'} : \overline{AB} = \overline{ZA'} : \overline{ZA}$$

$$\overline{A'B'} : \overline{AB} = \overline{ZB'} : \overline{ZB}$$

Sätze am Kreis

Sehnensatz	Sekantensatz	Sekanten-Tangentensatz

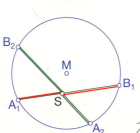 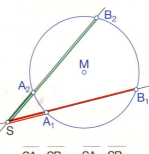  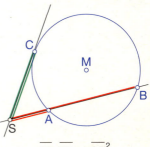

$$\overline{SA_1} \cdot \overline{SB_1} = \overline{SA_2} \cdot \overline{SB_2}$$

$$\overline{SA_1} \cdot \overline{SB_1} = \overline{SA_2} \cdot \overline{SB_2}$$

$$\overline{SA} \cdot \overline{SB} = \overline{SC}^2$$

Sätze am rechtwinkligen Dreieck

Kathetensatz

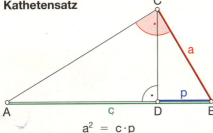 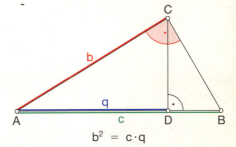

$$a^2 = c \cdot p \qquad\qquad b^2 = c \cdot q$$

Höhensatz

$$h^2 = p \cdot q$$

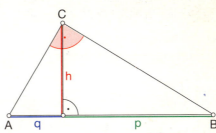

Satz des Pythagoras

$$a^2 + b^2 = c^2$$

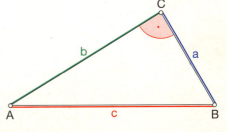

Berechnung von c:

c = p + q

Bezeichnungen

A, B, C, D :   Eckpunkte
a, b, c, d :   Seitenlängen
e, f :   Diagonalenlängen
α, β, γ, δ :   Innenwinkelmaße

Innenwinkelsatz

$$\alpha + \beta + \gamma + \delta = 360°$$

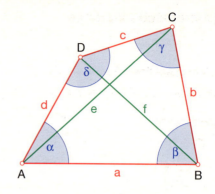

**G
E
O**

Vierecksformen

Konvexe Vierecke

Beide Diagonalen
verlaufen im Viereck.

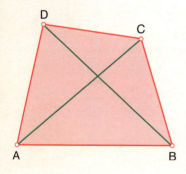

Nichtkonvexe Vierecke

Eine Diagonale verläuft
außerhalb des Vierecks.

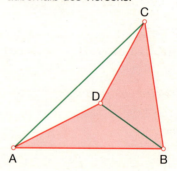

Viereckssonderform

Trapez

Viereck mit zwei parallelen Seiten

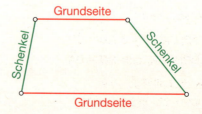

Symmetrische Vierecke

Gleichschenkliges Trapez

Achsensymmetrisches Viereck

Eigenschaften:

1. $\overline{AD} = \overline{BC}$

2. $\alpha = \beta$ und $\gamma = \delta$

3. $\overline{AC} = \overline{BD}$

4. k ist Umkreis.

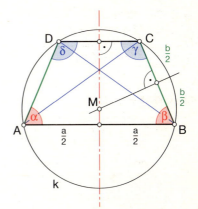

Drachenviereck

Achsensymmetrisches Viereck

Eigenschaften:

1. $\overline{AB} = \overline{BC}$ und $\overline{CD} = \overline{DA}$

2. $\alpha = \gamma$

3. [BD] halbiert [AC] und [BD] $\perp$ [AC]

4. k ist Inkreis.

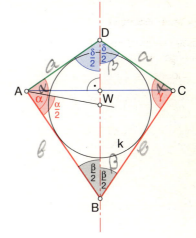

Parallelogramm

Punktsymmetrisches Viereck

Eigenschaften:

1. [AB] ∥ [CD] und $\overline{AB} = \overline{CD}$
   [BC] ∥ [DA] und $\overline{BC} = \overline{DA}$

2. $\alpha = \gamma$ und $\beta = \delta$

3. $\overline{AZ} = \overline{CZ}$ und $\overline{BZ} = \overline{DZ}$

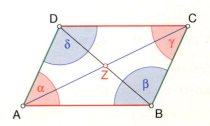

**G
E
O**

Symmetrische Vierecke

Raute

Punkt- und achsensymmetrisches Viereck

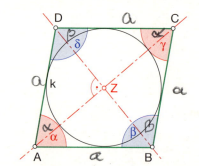

Eigenschaften:

1. Die Raute besitzt alle Eigenschaften des Parallelogramms.

2. $\overline{AB} = \overline{BC} = \overline{CD} = \overline{DA}$

3. $[AC] \perp [BD]$

4. Die Diagonalen halbieren die Winkel.

5. k ist Inkreis.

Rechteck

Punkt- und achsensymmetrisches Viereck

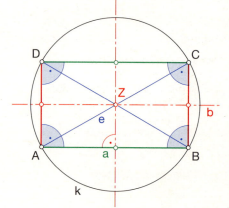

Eigenschaften:

1. Das Rechteck besitzt alle Eigenschaften des Parallelogramms.

2. Jeder Innenwinkel ist ein rechter Winkel.

3. $\overline{AC} = \overline{BD}$

4. $e = \sqrt{a^2 + b^2}$

5. k ist Umkreis.

Quadrat

Punkt- und achsensymmetrisches Viereck

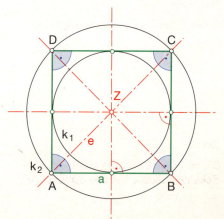

Eigenschaften:

1. Das Quadrat besitzt alle Eigenschaften der Raute und des Rechtecks.

2. $e = a\sqrt{2}$

3. k_1 ist Inkreis.

4. k_2 ist Umkreis.

G
E
O

Sekante

Gerade, die eine Kreislinie
in zwei Punkten schneidet.

g ∩ k = {A; B}

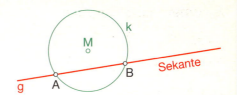

Zentrale

Sekante, die durch den Mittelpunkt M
eines Kreises verläuft.

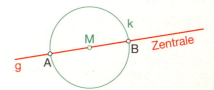

Tangente

Gerade, die eine Kreislinie
in einem Punkt berührt.
Die Tangente steht senkrecht auf
der Zentralen durch den Berührpunkt.

g ∩ k = {B}

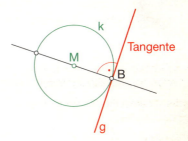

Passante

Gerade, die eine Kreislinie meidet.

g ∩ k = ∅

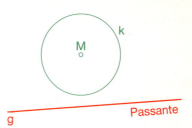

Sehne

Die von einer Kreislinie aus einer
Sekante ausgeschnittene Strecke [AB].

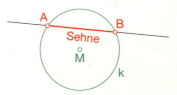

G
E
O

GEO

Flächeninhalt des Dreiecks

1. Berechnung aus einer Seitenlänge und der zugehörigen Höhe

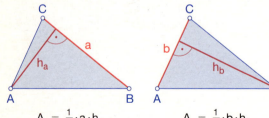

$$A = \frac{1}{2} \cdot a \cdot h_a \qquad A = \frac{1}{2} \cdot b \cdot h_b \qquad A = \frac{1}{2} \cdot c \cdot h_c$$

2. Berechnung aus zwei Seitenlängen und dem Maß des eingeschlossenen Winkels

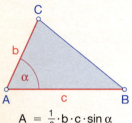 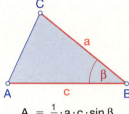 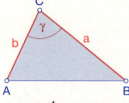

$$A = \frac{1}{2} \cdot b \cdot c \cdot \sin\alpha \qquad A = \frac{1}{2} \cdot a \cdot c \cdot \sin\beta \qquad A = \frac{1}{2} \cdot a \cdot b \cdot \sin\gamma$$

3. Berechnung aus den Koordinaten der Eckpunkte

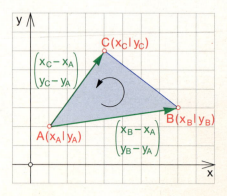

$$A = \frac{1}{2} \cdot \begin{vmatrix} x_B - x_A & x_C - x_A \\ y_B - y_A & y_C - y_A \end{vmatrix} \text{FE}$$

Flächeninhalt des gleichseitigen Dreiecks

$$A = \frac{a^2}{4} \cdot \sqrt{3}$$

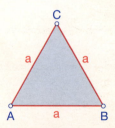

Flächeninhalt des Parallelogramms

$A = a \cdot h_a$
$A = b \cdot h_b$

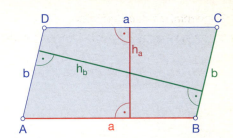

Flächeninhalt der Raute

$A = \frac{1}{2} \cdot e \cdot f$

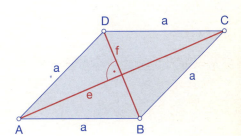

Flächeninhalt des Rechtecks

$A = a \cdot b$

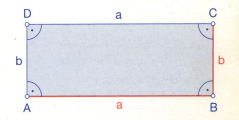

Flächeninhalt des Quadrats

$A = a^2$
$A = \frac{1}{2} \cdot d^2$

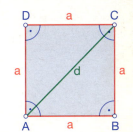

Flächeninhalt des Trapezes

$A = \frac{1}{2} \cdot (a + c) \cdot h$
$A = m \cdot h$
$m = \frac{1}{2} \cdot (a + c)$

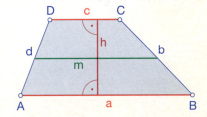

G
E
O

Flächeninhalt des Kreises

$A = r^2 \cdot \pi$

Für den Kreisumfang u gilt:
$u = 2 \cdot r \cdot \pi$

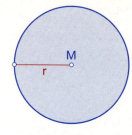

Flächeninhalt des Kreisrings

$A = \left(r_1^2 - r_2^2\right) \cdot \pi$

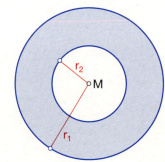

Flächeninhalt des Kreissektors

$A = \dfrac{r^2 \cdot \pi \cdot \alpha}{360°}$ *(Flächeninhalt)*

$A = \dfrac{1}{2} \cdot b \cdot r$ *(Umfang)*

Für die Bogenlänge b des
Kreisbogens $\overset{\frown}{AB}$ gilt:

$b = \dfrac{2 \cdot r \cdot \pi \cdot \alpha}{360°}$

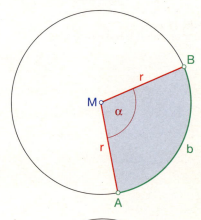

Flächeninhalt des Kreissegments

$A = A_{\text{Sektor}} - A_{\text{Dreieck}}$

$A = \dfrac{r^2 \cdot \pi \cdot \alpha}{360°} - \dfrac{r^2 \cdot \sin\alpha}{2}$

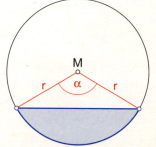

Bezeichnungen

V: Volumen (Rauminhalt)

M: Mantelflächeninhalt

G: Grundflächeninhalt

O: Oberflächeninhalt

Gerades Prisma

$V = G \cdot h$

$M = u \cdot h$
Dabei ist u der Umfang der Grundfläche.

$O = 2 \cdot G + M$

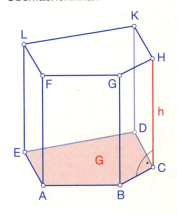

Sonderformen

Quader

$V = a \cdot b \cdot c$

$M = 2 \cdot (a + b) \cdot c$

$O = 2 \cdot (a \cdot b + b \cdot c + a \cdot c)$

$d = \sqrt{a^2 + b^2 + c^2}$

Würfel

$V = a^3$

$M = 4 \cdot a^2$

$O = 6 \cdot a^2$

$d = a \cdot \sqrt{3}$

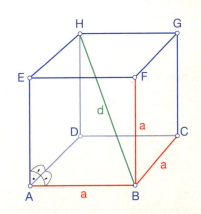

GEO

GEO

Pyramide

$$V = \frac{1}{3} \cdot G \cdot h$$

$$M = A_1 + A_2 + \ldots + A_n$$

Dabei sind $A_1, A_2, \ldots, A_n$ die Flächeninhalte der Seitenflächen.

$$O = G + M$$

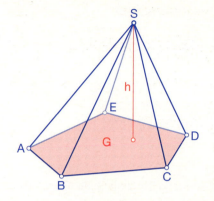

Sonderformen

Regelmäßiges Tetraeder

$$V = \frac{a^3}{12} \cdot \sqrt{2}$$

$$M = \frac{3a^2}{4} \cdot \sqrt{3}$$

$$O = a^2 \cdot \sqrt{3}$$

$$h = \frac{a}{3} \cdot \sqrt{6}$$

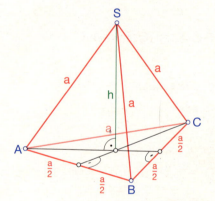

Regelmäßiges Oktaeder

$$V = \frac{a^3}{3} \cdot \sqrt{2}$$

$$O = 2 \cdot a^2 \cdot \sqrt{3}$$

$$h = \frac{a}{2} \cdot \sqrt{2}$$

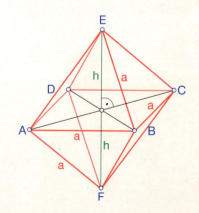

Gerader Kreiszylinder

$V = r^2 \cdot \pi \cdot h$

$M = 2 \cdot r \cdot \pi \cdot h$

$O = 2 \cdot r \cdot \pi \cdot (r + h)$

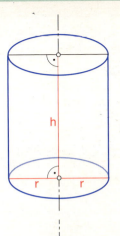

Gerader Kreiskegel

$V = \dfrac{1}{3} \cdot r^2 \cdot \pi \cdot h$

$M = r \cdot \pi \cdot s = \dfrac{s^2 \cdot \pi \cdot \alpha}{360°}$

$O = r \cdot \pi \cdot (r + s)$

$s = \sqrt{r^2 + h^2}$

$b = 2 \cdot r \cdot \pi$

$\alpha = \dfrac{r}{s} \cdot 360°$

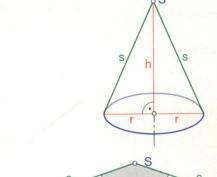

Kugel

$V = \dfrac{4}{3} \cdot r^3 \cdot \pi$

$O = 4 \cdot r^2 \cdot \pi$

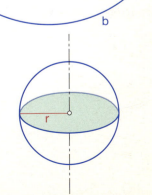

G
E
O

Für das Zeichnen des Schrägbildes
eines Körpers gelten folgende Gesetze:

1. Strecken, die parallel zur Zeichenebene
   verlaufen, werden in gleicher Richtung
   und wahrer Länge gezeichnet.
   (Hier: [AB], [CD], [EF], [GH],
   [AE], [BF], [CG], [DH])

2. Strecken, die senkrecht zur Zeichenebene verlaufen, werden im Maßstab q
   (z. B. $q = \frac{1}{2}$) verkürzt. Diese Strecken
   bilden mit der Richtung der Schrägbildachse einen Winkel mit dem Maß ω
   (z. B. ω = 45°).
   (Hier: [AD], [BC], [EH], [FG])

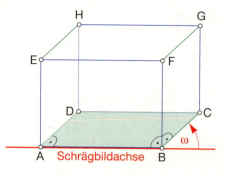

Beispiel für das Zeichnen eines Schrägbildes:

Bei einer Pyramide ABCDS mit quadratischer Grundfläche ABCD befindet sich die
Spitze S senkrecht über dem Schnittpunkt M der Diagonalen der Grundfläche.

Es soll ein Schrägbild mit $q = \frac{1}{2}$ und ω = 45° gezeichnet werden, wenn die

Länge $\overline{AB}$ der Grundkante und die Höhe $\overline{MS}$ der Pyramide gegeben sind.

Schritt 1: Schrägbildachse zeichnen.

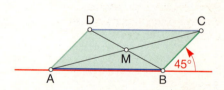

Schritt 2: Grundfläche des Schräg-
            bildes zeichnen.
            [AB] auf die Schräg-
            bildachse legen.
            [AB] in wahrer Länge
            zeichnen.
            [AD] und [BC] im Maßstab
            $q = \frac{1}{2}$ verkürzen; ω = 45°.

Schritt 3: [MS] in wahrer Länge senk-
            recht zur Richtung der
            Schrägbildachse zeichnen.

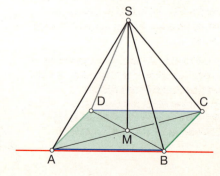

Winkel zwischen Gerade und Ebene

Schneidet eine Gerade g eine Ebene $\mathbb{E}$ in einem Punkt S, so legt man durch g eine Ebene $\mathbb{E}'$, die auf der Ebene $\mathbb{E}$ senkrecht steht. Die Ebene $\mathbb{E}'$ schneidet die Ebene $\mathbb{E}$ in der Geraden g'. Der spitze (oder rechte) Winkel, den die beiden Geraden g und g' miteinander bilden, wird als Winkel zwischen der Geraden g und der Ebene $\mathbb{E}$ bezeichnet.

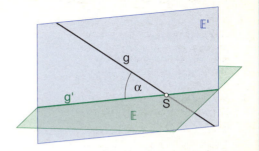

Winkel zwischen zwei Ebenen

Schneiden sich zwei Ebenen $\mathbb{E}_1$ und $\mathbb{E}_2$ in einer Geraden g, so legt man eine beliebige, zu g senkrechte Ebene $\mathbb{E}'$ fest. Die Ebene $\mathbb{E}'$ schneidet die Ebenen $\mathbb{E}_1$ und $\mathbb{E}_2$ in den Geraden g_1 und g_2.
Der spitze (oder rechte) Winkel, den die beiden Geraden g_1 und g_2 miteinander bilden, wird als Winkel zwischen den Ebenen $\mathbb{E}_1$ und $\mathbb{E}_2$ bezeichnet.

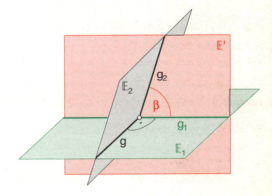

Beispiel:

An einer Pyramide treten sowohl Winkel zwischen einer Geraden und einer Ebene als auch Winkel zwischen zwei Ebenen auf.

Der Winkel SCM mit dem Maß α ist der Winkel zwischen der Seitenkante [CS] und der Grundfläche ABCD.
Der Winkel MES mit dem Maß β ist der Winkel zwischen der Seitenfläche ADS und der Grundfläche ABCD.

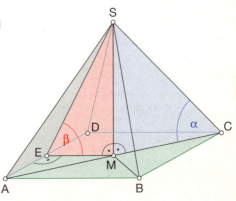

G E O

G E O

Vektor

Jede Menge aller gleich langen, parallelen und gleichgerichteten Pfeile heißt Vektor.

Jeder zum Vektor gehörende Pfeil ist ein gleichberechtigter Repräsentant (Vertreter) des Vektors.

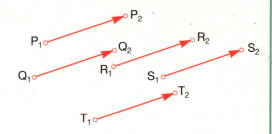

Kartesische Koordinaten eines Vektors

Die kartesischen Koodinaten eines Vektos $\vec{a}$ lassen sich aus den kartesischen Koordinaten des Anfangspunktes $P_1(x_1 \mid y_1)$ und des Endpunktes $P_2(x_2 \mid y_2)$ eines Repräsentantens des Vektors $\vec{a}$ berechnen:

$$\vec{a} = \begin{pmatrix} a_x \\ a_y \end{pmatrix} = \begin{pmatrix} x_2 - x_1 \\ y_2 - y_1 \end{pmatrix}$$

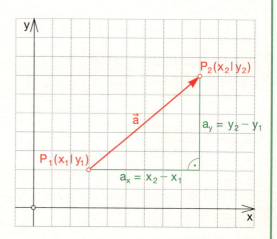

Gegenvektor

$$\vec{a} = \begin{pmatrix} a_x \\ a_y \end{pmatrix}$$

$$\vec{a^*} = \begin{pmatrix} -a_x \\ -a_y \end{pmatrix}$$

$\vec{a^*}$ heißt Gegenvektor.

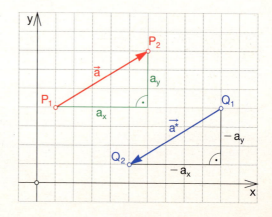

Betrag eines Vektors

$$|\vec{a}| = a = \sqrt{a_x^2 + a_y^2}$$

$$|\vec{a}| = a = \sqrt{(x_2 - x_1)^2 + (y_2 - y_1)^2}$$

Länge einer Strecke

$$\overline{P_1 P_2} = a \text{ LE}$$

$$\overline{P_1 P_2} = \sqrt{(x_2 - x_1)^2 + (y_2 - y_1)^2} \text{ LE}$$

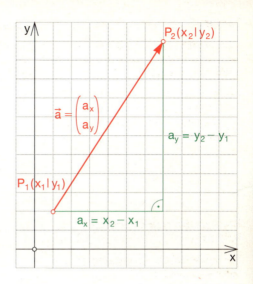

Koordinaten des Mittelpunktes einer Strecke

$$\overrightarrow{P_1 M} = \overrightarrow{MP_2}$$

$$x_M = \frac{x_1 + x_2}{2}$$

$$y_M = \frac{y_1 + y_2}{2}$$

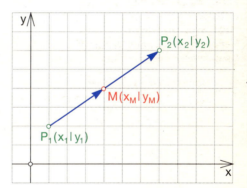

Koordinaten des Schwerpunktes eines Dreiecks

$$\overrightarrow{SA} = (-2) \cdot \overrightarrow{SM}$$

$$\overrightarrow{SM} = \overrightarrow{MC}$$

$$x_S = \frac{x_A + x_B + x_C}{3}$$

$$y_S = \frac{y_A + y_B + y_C}{3}$$

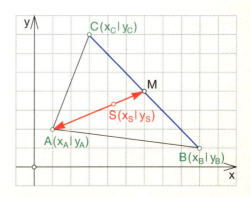

GEO

Vektoraddition

$$\vec{a} \quad \oplus \quad \vec{b} \quad = \quad \vec{c}$$

$$\begin{pmatrix} a_x \\ a_y \end{pmatrix} \oplus \begin{pmatrix} b_x \\ b_y \end{pmatrix} = \begin{pmatrix} a_x + b_x \\ a_y + b_y \end{pmatrix}$$

Kommutativgesetz:

$$\vec{a} \oplus \vec{b} = \vec{b} \oplus \vec{a}$$

S-Multiplikation eines Vektors

$$k \cdot \vec{a} \quad = \quad \vec{b} \; ; \qquad k \neq 0$$

$$k \cdot \begin{pmatrix} a_x \\ a_y \end{pmatrix} = \begin{pmatrix} k \cdot a_x \\ k \cdot a_y \end{pmatrix}$$

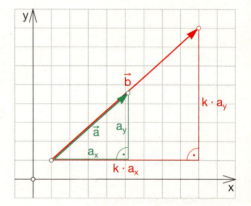

Skalarprodukt von Vektoren

$$\vec{a} \quad \odot \quad \vec{b} \quad = a \cdot b \cdot \cos\varphi$$

$$\begin{pmatrix} a_x \\ a_y \end{pmatrix} \odot \begin{pmatrix} b_x \\ b_y \end{pmatrix} = a_x \cdot b_x + a_y \cdot b_y$$

a: Betrag des Vektors $\vec{a}$

b: Betrag des Vektors $\vec{b}$

φ: Maß des von $\vec{a}$ und $\vec{b}$
eingeschlossenen Winkels

Kommutativgesetz:

$$\vec{a} \odot \vec{b} = \vec{b} \odot \vec{a}$$

Distributivgesetz:

$$\vec{a} \odot \left(\vec{b} \oplus \vec{c} \right) = \vec{a} \odot \vec{b} + \vec{a} \odot \vec{c}$$

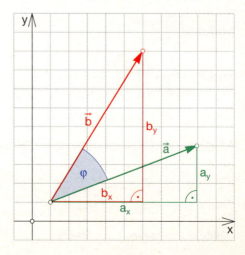

Orthogonale Vektoren

$\vec{a} \perp \vec{b} \quad\quad \Rightarrow \vec{a} \odot \vec{b} = 0$

$\vec{a} \odot \vec{b} = 0 \Rightarrow \vec{a} \perp \vec{b}$

$(\vec{a} \neq \vec{0} \ \text{und} \ \vec{b} \neq \vec{0})$

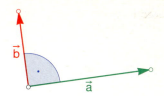

Sonderfall: $\left|\vec{a}\right| = \left|\vec{b}\right| = \left|\vec{b}^{\star}\right|$

$$\vec{a} = \begin{pmatrix} a_x \\ a_y \end{pmatrix}$$

$\vec{b} \perp \vec{a}: \quad\quad \vec{b} = \begin{pmatrix} -a_y \\ a_x \end{pmatrix}$

$\vec{b}^{\star} \perp \vec{a}: \quad\quad \vec{b}^{\star} = \begin{pmatrix} a_y \\ -a_x \end{pmatrix}$

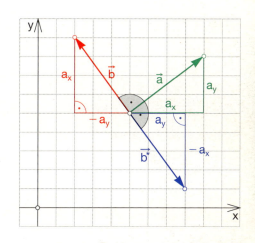

Winkel zwischen Vektoren

$$\cos \varphi = \frac{\vec{a} \odot \vec{b}}{a \cdot b}$$

$$\cos \varphi = \frac{a_x \cdot b_x + a_y \cdot b_y}{\sqrt{a_x^2 + a_y^2} \cdot \sqrt{b_x^2 + b_y^2}}$$

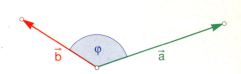

Multiplikation einer Matrix mit einem Vektor

$$\begin{pmatrix} a_1 & b_1 \\ a_2 & b_2 \end{pmatrix} \odot \begin{pmatrix} x \\ y \end{pmatrix} = \begin{pmatrix} a_1 \cdot x + b_1 \cdot y \\ a_2 \cdot x + b_2 \cdot y \end{pmatrix}$$

  Matrix   Vektor   Vektor

Jeder Urpunkt P wird durch Achsenspiegelung mit der Spiegelachse s auf einen Bildpunkt P' abgebildet.

$$P \longmapsto^{\ s\ } P'$$

Abbildungsvorschrift

1. $P \notin s$: $[PP'] \perp s \wedge \overline{PF} = \overline{P'F}$

2. $Q \in s$: $Q = Q'$

Eigenschaften

1. Geradentreue, kreistreue, längentreue und winkeltreue Abbildung

2. Kongruenzabbildung

Fixpunkte und Fixgeraden

1. Die Punkte der Spiegelachse sind Fixpunkte. Die Spiegelachse ist damit Fixpunktgerade.

2. Jede Gerade, die auf der Spiegelachse senkrecht steht, ist Fixgerade.

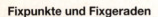

Abbildungsgleichung der Achsenspiegelung an einer Ursprungsgeraden

Gleichung der Spiegelachse: $y = \tan\varphi \cdot x$

φ: Maß des Winkels, den die Spiegelachse s mit der positiven x-Achse bildet.

$$\begin{pmatrix} x' \\ y' \end{pmatrix} = \begin{pmatrix} \cos 2\varphi & \sin 2\varphi \\ \sin 2\varphi & -\cos 2\varphi \end{pmatrix} \odot \begin{pmatrix} x \\ y \end{pmatrix}$$

$$\Leftrightarrow \quad \begin{aligned} x' &= \cos 2\varphi \cdot x + \sin 2\varphi \cdot y \\ \wedge \; y' &= \sin 2\varphi \cdot x - \cos 2\varphi \cdot y \end{aligned}$$

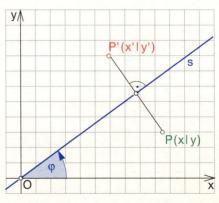

A
B
B

Abbildungsgleichung der Achsenspiegelung an einer Ursprungsgeraden

Gleichung der Spiegelachse: $y = m \cdot x$
m: Steigung der Spiegelachse s

$$\begin{pmatrix} x' \\ y' \end{pmatrix} = \begin{pmatrix} \dfrac{1-m^2}{1+m^2} & \dfrac{2m}{1+m^2} \\ \dfrac{2m}{1+m^2} & -\dfrac{1-m^2}{1+m^2} \end{pmatrix} \odot \begin{pmatrix} x \\ y \end{pmatrix} \quad \Leftrightarrow \quad \left| \begin{aligned} x' &= \frac{1-m^2}{1+m^2} \cdot x + \frac{2m}{1+m^2} \cdot y \\ \wedge \; y' &= \frac{2m}{1+m^2} \cdot x - \frac{1-m^2}{1+m^2} \cdot y \end{aligned} \right.$$

Achsenspiegelungen an speziellen Ursprungsgeraden

1. Achsenspiegelung an der x-Achse

$$\begin{pmatrix} x' \\ y' \end{pmatrix} = \begin{pmatrix} 1 & 0 \\ 0 & -1 \end{pmatrix} \odot \begin{pmatrix} x \\ y \end{pmatrix}$$

$$\Leftrightarrow \left| \begin{aligned} x' &= x \\ \wedge \; y' &= -y \end{aligned} \right.$$

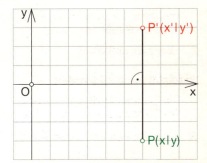

2. Achsenspiegelung an der y-Achse

$$\begin{pmatrix} x' \\ y' \end{pmatrix} = \begin{pmatrix} -1 & 0 \\ 0 & 1 \end{pmatrix} \odot \begin{pmatrix} x \\ y \end{pmatrix}$$

$$\Leftrightarrow \left| \begin{aligned} x' &= -x \\ \wedge \; y' &= y \end{aligned} \right.$$

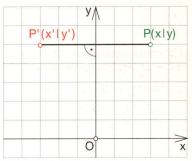

3. Achsenspiegelung an der Winkelhalbierenden w des I. und III. Quadranten

$$\begin{pmatrix} x' \\ y' \end{pmatrix} = \begin{pmatrix} 0 & 1 \\ 1 & 0 \end{pmatrix} \odot \begin{pmatrix} x \\ y \end{pmatrix}$$

$$\Leftrightarrow \left| \begin{aligned} x' &= y \\ \wedge \; y' &= x \end{aligned} \right.$$

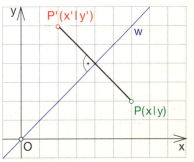

A
B
B

Jeder Urpunkt P wird durch Punktspiegelung mit dem Zentrum Z auf einen Bildpunkt P' abgebildet.

$$P \xmapsto{\quad Z \quad} P'$$

Abbildungsvorschrift

1. $P \neq Z$: $P' \in [PZ \land \overline{ZP'} = \overline{ZP}]$

2. $Z = Z'$

Eigenschaften

1. Geradentreue, kreistreue, längentreue und winkeltreue Abbildung

2. Kongruenzabbildung

Fixpunkte und Fixgeraden

1. Das Zentrum Z ist Fixpunkt.

2. Jede Gerade, die durch das Zentrum verläuft, ist Fixgerade.

Abbildungsgleichung der Punktspiegelung

Zentrum $Z(x_Z | y_Z)$

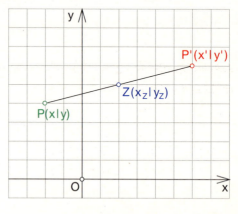

$$\begin{pmatrix} x' \\ y' \end{pmatrix} = \begin{pmatrix} -1 & 0 \\ 0 & -1 \end{pmatrix} \odot \begin{pmatrix} x \\ y \end{pmatrix} \oplus \begin{pmatrix} 2x_Z \\ 2y_Z \end{pmatrix}$$

$$\Leftrightarrow \left| \begin{array}{l} x' = -x + 2x_Z \\ \land\; y' = -y + 2y_Z \end{array} \right.$$

Hinweis:
Die Punktspiegelung mit dem Zentrum $Z(x_Z | y_Z)$ kann als zentrische Streckung mit dem Streckungszentrum $Z(x_Z | y_Z)$ und dem Streckungsfaktor $k = -1$ betrachtet werden.

Jeder Urpunkt P wird durch Drehung mit dem Drehpunkt D und dem Maß α des Drehwinkels auf einen Bildpunkt P' abgebildet.

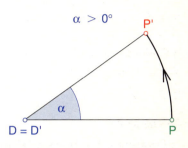

$$P \xmapsto{\ D\,;\,\alpha\ } P'$$

Abbildungsvorschrift

1. $P \ne D$: $\overline{DP'} = \overline{DP} \wedge \sphericalangle PDP' = \alpha$

2. $D = D'$

Eigenschaften

1. Geradentreue, kreistreue, längentreue und winkeltreue Abbildung

2. Kongruenzabbildung

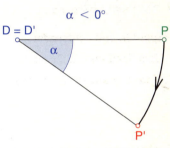

Fixpunkte und Fixgeraden

1. Der Drehpunkt D ist Fixpunkt.

2. Es gibt im allgemeinen keine Fixgeraden.

Sonderfälle:
$\alpha = 180°$: Alle Geraden durch D sind Fixgeraden.
$\alpha = 360°$: Alle Geraden der Ebene sind Fixgeraden.

Abbildungsgleichung der Drehung mit D(0|0)

α: Maß des Drehwinkels

$$\begin{pmatrix} x' \\ y' \end{pmatrix} = \begin{pmatrix} \cos\alpha & -\sin\alpha \\ \sin\alpha & \cos\alpha \end{pmatrix} \odot \begin{pmatrix} x \\ y \end{pmatrix}$$

$$\Leftrightarrow \quad \begin{vmatrix} x' = \cos\alpha \cdot x - \sin\alpha \cdot y \\ \wedge \ y' = \sin\alpha \cdot x + \cos\alpha \cdot y \end{vmatrix}$$

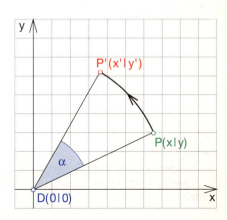

A
B
B

Jeder Urpunkt P wird durch Parallelverschiebung mit dem Vektor $\vec{v}$ auf einen Bildpunkt P' abgebildet.

$$P \xmapsto{\quad\vec{v}\quad} P'$$

Abbildungsvorschrift

$$\overrightarrow{PP'} = \vec{v}$$

Eigenschaften

1. Geradentreue, kreistreue, längentreue und winkeltreue Abbildung

2. Kongruenzabbildung

Fixpunkte und Fixgeraden

1. Die Parallelverschiebung besitzt keinen Fixpunkt.

2. Jede Gerade, die parallel zur Verschiebungsrichtung verläuft, ist Fixgerade.

Abbildungsgleichung der Parallelverschiebung

Vektor $\vec{v} = \begin{pmatrix} v_x \\ v_y \end{pmatrix}$

$$\begin{pmatrix} x' \\ y' \end{pmatrix} = \begin{pmatrix} 1 & 0 \\ 0 & 1 \end{pmatrix} \odot \begin{pmatrix} x \\ y \end{pmatrix} \oplus \begin{pmatrix} v_x \\ v_y \end{pmatrix}$$

$$\Leftrightarrow \begin{pmatrix} x' \\ y' \end{pmatrix} = \begin{pmatrix} x \\ y \end{pmatrix} \oplus \begin{pmatrix} v_x \\ v_y \end{pmatrix}$$

$$\Leftrightarrow \begin{array}{|l} x' = x + v_x \\ \wedge \ y' = y + v_y \end{array}$$

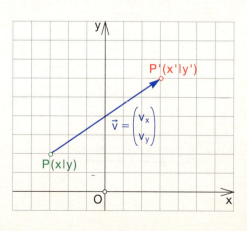

Jeder Urpunkt P wird durch zentrische Streckung mit dem Streckungszentrum Z und dem Streckungsfaktor k (k $\neq$ 0) auf einen Bildpunkt P' abgebildet.

$$P \xmapsto{\;Z\,;\,k\;} P'$$

$k > 0$

Abbildungsvorschrift

1. $P \neq Z$: $\overrightarrow{ZP'} = k \cdot \overrightarrow{ZP}$
2. $Z = Z'$

Eigenschaften

1. Geradentreue, kreistreue, winkeltreue und verhältnistreue Abbildung
   Nicht längentreue Abbildung

2. Ähnlichkeitsabbildung

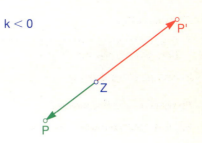

$k < 0$

Fixpunkte und Fixgeraden

1. Das Streckungszentrum Z ist Fixpunkt der Abbildung.

2. Jede Gerade, die durch das Streckungszentrum Z verläuft, ist Fixgerade.

Abbildungsgleichung der zentrischen Streckung

$Z(x_Z|y_Z)$:   Streckungszentrum
k: Streckungsfaktor

$$\begin{pmatrix} x' \\ y' \end{pmatrix} = \begin{pmatrix} k & 0 \\ 0 & k \end{pmatrix} \odot \begin{pmatrix} x \\ y \end{pmatrix} \oplus \begin{pmatrix} (1-k) \cdot x_z \\ (1-k) \cdot y_z \end{pmatrix}$$

$$\Leftrightarrow \left| \begin{aligned} x' &= k \cdot x + (1-k) \cdot x_z \\ \wedge \; y' &= k \cdot y + (1-k) \cdot y_z \end{aligned} \right.$$

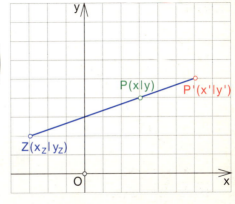

A
B
B

Jeder Urpunkt P wird durch orthogonale Affinität mit der Affinitätsachse s und dem Affinitätsfaktor k (k ≠ 0) auf einen Bildpunkt P' abgebildet.

$$P \xmapsto{\ s\ ;\ k\ } P'$$

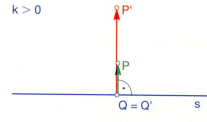

Abbildungsvorschrift

1. $P \notin s$: $\overrightarrow{QP'} = k \cdot \overrightarrow{QP} \wedge PQ \perp s$
2. $Q \in s$: $Q = Q'$

Eigenschaften

1. Geradentreue Abbildung
   Nicht kreistreue, nicht längentreue und nicht winkeltreue Abbildung

2. Affine Abbildung

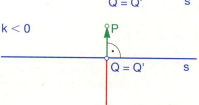

Fixpunkte und Fixgeraden

1. Die Punkte der Affinitätsachse s sind Fixpunkte.
   Die Affinitätsachse ist damit Fixpunktgerade.

2. Jede Gerade, die auf der Affinitätsachse s senkrecht steht, ist Fixgerade.

Abbildungsgleichung der orthogonalen Affinität mit der x-Achse als Affinitätsachse

k: Affinitätsfaktor

$$\begin{pmatrix} x' \\ y' \end{pmatrix} = \begin{pmatrix} 1 & 0 \\ 0 & k \end{pmatrix} \odot \begin{pmatrix} x \\ y \end{pmatrix}$$

$$\Leftrightarrow \quad \begin{aligned} x' &= x \\ \wedge \ y' &= k \cdot y \end{aligned}$$

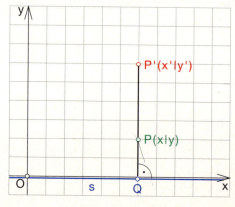

Jeder Urpunkt P wird durch Scherung mit der Scherungsachse s und dem Maß φ des Scherungswinkels auf einen Bildpunkt P' abgebildet.

$$P \xmapsto{\;s\,;\,\varphi\;} P'$$

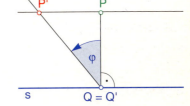

Abbildungsvorschrift

1. $P \notin s$: $PP' \parallel s \;\wedge\; \sphericalangle PQP' = \varphi$

       $-90° < \varphi < 90°$

2. $Q \in s$: $Q = Q'$

Eigenschaften

1. Geradentreue und flächentreue Abbildung
   Nicht kreistreue, nicht längentreue
   und nicht winkeltreue Abbildung

2. Affine Abbildung

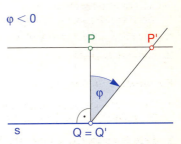

Fixpunkte und Fixgeraden

1. Die Punkte der Scherungsachse sind Fixpunkte.
   Die Scherungsachse ist damit Fixpunktgerade.

2. Jede Gerade, die parallel zur Scherungsachse
   verläuft, ist Fixgerade.

Abbildungsgleichung der Scherung mit der x-Achse als Scherungsachse

φ: Maß des Scherungswinkels

$$\begin{pmatrix} x' \\ y' \end{pmatrix} = \begin{pmatrix} 1 & -\tan\varphi \\ 0 & 1 \end{pmatrix} \odot \begin{pmatrix} x \\ y \end{pmatrix}$$

$$\Leftrightarrow \left| \begin{aligned} x' &= x - \tan\varphi \cdot y \\ \wedge\; y' &= y \end{aligned} \right.$$

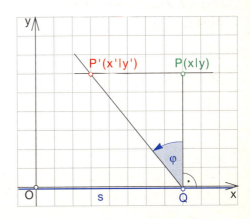

Kartesische Koordinaten und Polarkoordinaten

Kartesische Koordinaten und Polarkoordinaten von Vektoren

Ein Vektor $\vec{a}$ läßt sich auf zwei Arten festlegen:

1. Durch seine *kartesischen Koordinaten* a_x und a_y:

$$\vec{a} = \begin{pmatrix} a_x \\ a_y \end{pmatrix} ; \quad a_x, a_y \in \mathbb{R}$$

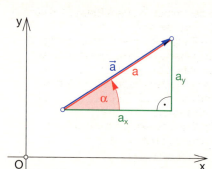

2. Durch seine *Polarkoordinaten* a und α:

$$\vec{a} = (a \mid \alpha) ; \quad a \in \mathbb{R}_0^+ ; \quad \alpha \in [0°; 360°[$$

Zusammenhang zwischen kartesischen Koordinaten und Polarkoordinaten:

$$a_x = a \cdot \cos\alpha \qquad\qquad a = \sqrt{a_x^2 + a_y^2}$$

$$a_y = a \cdot \sin\alpha \qquad\qquad \tan\alpha = \frac{a_y}{a_x} ; \qquad (a_x \neq 0)$$

Kartesische Koordinaten und Polarkoordinaten von Punkten

Ein Punkt P läßt sich auf zwei Arten festlegen:

1. durch seine *kartesischen Koordinaten* x und y:
$$P(x \mid y) ; \quad x, y \in \mathbb{R}$$

2. durch seine *Polarkoordinaten* a und α:
$$P(a \mid \alpha) ; \quad a \in \mathbb{R}_0^+ ; \quad \alpha \in [0°; 360°[$$

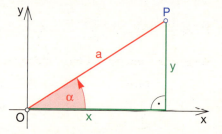

Zusammenhang zwischen kartesischen Koordinaten und Polarkoordinaten:

$$x = a \cdot \cos\alpha \qquad\qquad a = \sqrt{x^2 + y^2}$$

$$y = a \cdot \sin\alpha \qquad\qquad \tan\alpha = \frac{y}{x} ; \qquad (x \neq 0)$$

Einheitsvektor – Einheitskreis

Jeder Vektor mit dem Betrag 1 heißt Einheitsvektor $\vec{e}$.

Die Endpunkte der vom Ursprung O ausgehenden Repräsentanten aller Einheitsvektoren liegen auf einem Kreis um den Ursprung O mit dem Radius r = 1 LE. Dieser Kreis heißt Einheitskreis.

Ein Einheitsvektor $\vec{e}$ besitzt die Polarkoordinaten 1 und α:

$$\vec{e} = (1 \mid \alpha)$$

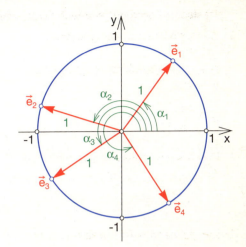

Die Terme sin α, cos α und tan α

Ein Einheitsvektor $\vec{e}$ mit den Polarkoordinaten 1 und α besitzt die kartesischen Koordinaten sin α und cos α:

$$\vec{e} = \begin{pmatrix} \cos \alpha \\ \sin \alpha \end{pmatrix}$$

Der Vektor $\vec{e}'$ besitzt die kartesischen Koordinaten 1 und tan α:

$$\vec{e}' = \begin{pmatrix} 1 \\ \tan \alpha \end{pmatrix}$$

Dabei gilt: $\tan \alpha = \dfrac{\sin \alpha}{\cos \alpha}$; $\cos \alpha \neq 0$

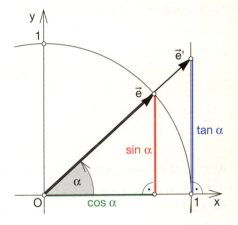

Vorzeichen von sin α, cos α und tan α

sin α

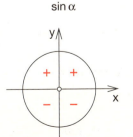

cos α

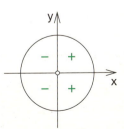

tan α

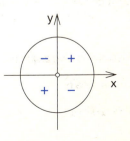

Werte und Beziehungen trigonometrischer Terme

Werte der Terme sin α, cos α und tan α für besondere Winkelmaße

α	0°	30°	45°	60°	90°	180°	270°	360°
$\sin \alpha$	0	$\frac{1}{2}$	$\frac{1}{2} \cdot \sqrt{2}$	$\frac{1}{2} \cdot \sqrt{3}$	1	0	−1	0
$\cos \alpha$	1	$\frac{1}{2} \cdot \sqrt{3}$	$\frac{1}{2} \cdot \sqrt{2}$	$\frac{1}{2}$	0	−1	0	1
$\tan \alpha$	0	$\frac{1}{3} \cdot \sqrt{3}$	1	$\sqrt{3}$	nicht definiert	0	nicht definiert	0

Beziehungen für negative Winkelmaße

Für $\alpha \in [0°; 360°[$ gilt:

$$\sin(-\alpha) = -\sin \alpha \qquad \cos(-\alpha) = \cos \alpha \qquad \tan(-\alpha) = -\tan \alpha$$

Komplementbeziehungen

Für $\alpha \in \,]0°; 90°[$ gilt:

$$\sin(90° - \alpha) = \cos \alpha \qquad \cos(90° - \alpha) = \sin \alpha \qquad \tan(90° - \alpha) = \frac{1}{\tan \alpha}$$

Beziehungen zwischen den Termen sin α, cos α und tan α

Für $\alpha \in [0°; 360°[$ gilt:

$$\sin^2 \alpha + \cos^2 \alpha = 1$$

$$\tan \alpha = \frac{\sin \alpha}{\cos \alpha} \;; \qquad (\cos \alpha \neq 0)$$

T
R
I

Für $\alpha \in \,]0°; 90°[$ gilt:

$\sin(180° - \alpha) \; = \; +\sin\alpha$

$\cos(180° - \alpha) \; = \; -\cos\alpha$

$\tan(180° - \alpha) \; = \; -\tan\alpha$

Diese Beziehungen heißen
Supplementbeziehungen.

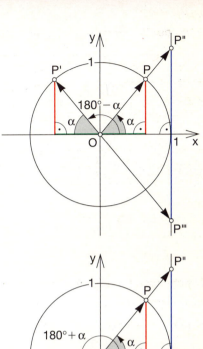

$\sin(180° + \alpha) \; = \; -\sin\alpha$

$\cos(180° + \alpha) \; = \; -\cos\alpha$

$\tan(180° + \alpha) \; = \; +\tan\alpha$

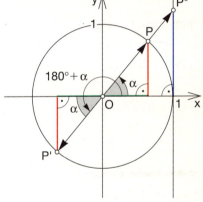

$\sin(360° - \alpha) \; = \; -\sin\alpha$

$\cos(360° - \alpha) \; = \; +\cos\alpha$

$\tan(360° - \alpha) \; = \; -\tan\alpha$

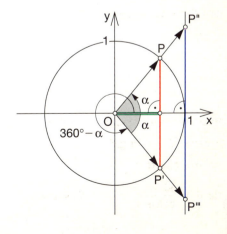

T
R
I

Additionstheoreme

$$\sin (\alpha + \beta) = \sin \alpha \cdot \cos \beta + \cos \alpha \cdot \sin \beta$$

$$\sin (\alpha - \beta) = \sin \alpha \cdot \cos \beta - \cos \alpha \cdot \sin \beta$$

$$\cos (\alpha + \beta) = \cos \alpha \cdot \cos \beta - \sin \alpha \cdot \sin \beta$$

$$\cos (\alpha - \beta) = \cos \alpha \cdot \cos \beta + \sin \alpha \cdot \sin \beta$$

$$\tan (\alpha + \beta) = \frac{\tan \alpha + \tan \beta}{1 - \tan \alpha \cdot \tan \beta} \qquad (1 - \tan \alpha \cdot \tan \beta \neq 0)$$

$$\tan (\alpha - \beta) = \frac{\tan \alpha - \tan \beta}{1 + \tan \alpha \cdot \tan \beta} \qquad (1 + \tan \alpha \cdot \tan \beta \neq 0)$$

Sinus, Kosinus und Tangens des doppelten Winkelmaßes

$$\sin 2\alpha = 2 \cdot \sin \alpha \cdot \cos \alpha$$

$$\begin{aligned}
\cos 2\alpha &= \cos^2 \alpha - \sin^2 \alpha \\
&= 2 \cdot \cos^2 \alpha - 1 \\
&= 1 - 2 \cdot \sin^2 \alpha
\end{aligned}$$

$$\tan 2\alpha = \frac{2 \cdot \tan \alpha}{1 - \tan^2 \alpha} \qquad (1 - \tan^2 \alpha \neq 0)$$

Sinus, Kosinus und Tangens des halben Winkelmaßes

$$\sin^2 \frac{\alpha}{2} = \frac{1}{2} \cdot (1 - \cos \alpha)$$

$$\cos^2 \frac{\alpha}{2} = \frac{1}{2} \cdot (1 + \cos \alpha)$$

$$\tan^2 \frac{\alpha}{2} = \frac{1 - \cos \alpha}{1 + \cos \alpha} \qquad (1 + \cos \alpha \neq 0)$$

T
R
I

Für $\alpha \in\ ]0°;\ 90°[$ gilt:

$$\sin \alpha = \sqrt{1 - \cos^2\alpha} = \frac{\tan \alpha}{\sqrt{1 + \tan^2\alpha}}$$

$$\cos \alpha = \sqrt{1 - \sin^2\alpha} = \frac{1}{\sqrt{1 + \tan^2\alpha}}$$

$$\tan \alpha = \frac{\sin \alpha}{\sqrt{1 - \sin^2\alpha}} = \frac{\sqrt{1 - \cos^2\alpha}}{\cos \alpha}$$

Bogenmaß eines Winkels

Das Bogenmaß eines Winkels mit dem Gradmaß α ist die Maßzahl x der zu dem Winkel gehörenden Bogenlänge auf dem Einheitskreis.

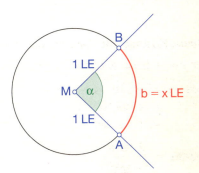

$$x = \frac{\pi}{180°} \cdot \alpha$$

$$\alpha = \frac{180°}{\pi} \cdot x$$

Gradmaß α	0°	30°	45°	60°	90°	180°	270°	360°
Bogenmaß x	0	$\dfrac{\pi}{6}$	$\dfrac{\pi}{4}$	$\dfrac{\pi}{3}$	$\dfrac{\pi}{2}$	π	$\dfrac{3\pi}{2}$	2π
Bogenmaß x gerundet	0	0,52	0,79	1,05	1,57	3,14	4,71	6,28

Anmerkung:

Das Bogenmaß x eines Winkels mit dem Gradmaß α wird auch als Arcus von α bezeichnet:
x = arc α

T R I

Rechtwinkliges Dreieck

$$\sin \alpha = \frac{\text{Länge der Gegenkathete}}{\text{Länge der Hypotenuse}} = \frac{a}{c}$$

$$\cos \alpha = \frac{\text{Länge der Ankathete}}{\text{Länge der Hypotenuse}} = \frac{b}{c}$$

$$\tan \alpha = \frac{\text{Länge der Gegenkathete}}{\text{Länge der Ankathete}} = \frac{a}{b}$$

Allgemeines Dreieck

Sinussatz

$$\frac{a}{\sin \alpha} = \frac{b}{\sin \beta} = \frac{c}{\sin \gamma}$$

Kosinussatz

$$a^2 = b^2 + c^2 - 2 \cdot b \cdot c \cdot \cos \alpha$$

$$b^2 = a^2 + c^2 - 2 \cdot a \cdot c \cdot \cos \beta$$

$$c^2 = a^2 + b^2 - 2 \cdot a \cdot b \cdot \cos \gamma$$

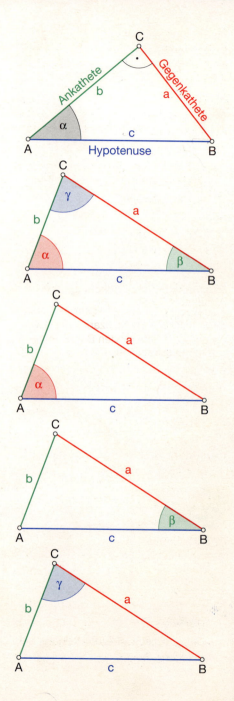

Sachregister

Sachregister

Sachregister

Raumdiagonale
– des Quaders 51
– des Würfels 51
Rauminhalte siehe Volumen
Raute 46, 49
Rechengesetze 12
Rechengesetze
– für Logarithmen 15
– für Wurzeln 15
Rechenregeln 13
Rechnen mit Brüchen 13
Rechteck 46, 49
Rechter Winkel 34
Rechtwinkliges Dreieck 34, 43, 74
Relation .... 22 ff.
Restmenge 11

S

Satz des Pythagoras 43
Satz des Vieta 19
Scheitel eines Winkels 34
Scheitelform der Parabelgleichung .. 28
Scheitelpunkt einer Parabel 28
Scheitelwinkel 35
Schenkel des gleichschenkligen
   Dreiecks 38
Schenkel des Trapezes 44
Scherung 67
Schnittmenge 11
Schrägbild 54
Schwerlinien 39
Schwerpunkt des Dreiecks 39, 57
Segment 50
Sehne 43, 47
Sehnensatz 43
Seitenhalbierende 39
Sekante 43, 47
Sekantensatz 43

Sekanten-Tangentensatz 43
Sektor 50
Sinus .... 33, 69 ff.
Sinusfunktion 33
Sinuskurve 33
Sinussatz 74
Skalarprodukt von Vektoren 58
S-Multiplikation eines Vektors 58
Spitzer Winkel 34
Steigung einer Geraden 26
Strecke 42
Streckenlänge 42
Stufenwinkel 35
Stumpfer Winkel 34
Subtrahend 12
Subtraktion .... 12 f.
Subtraktion von Bruchtermen 13
Summand 12
Summe 12
Summenwert 12
Supplementbeziehungen 71

T

Tangens .... 33, 69 ff.
Tangensfunktion 33
Tangenskurve 33
Tangente 47
Terme .... 16, 69 f.
Termumformungen 16
Tetraeder 52
Thaleskreis 37
Trapez 44, 49
Trigonometrische Funktionen 33
Trigonometrische Terme .... 69 f.

U

Überstumpfer Winkel 34
Umfang des Kreises 50

Sachregister